5G 新技术丛书

LTE/NR 频谱共享
——5G 标准之上下行解耦

万　蕾　郭志恒　谢信乾
毕文平　费永强　龙　毅　著

电子工业出版社
Publishing House of Electronics Industry
北京·BEIJING

内 容 简 介

本书由全球知名的通信专家万蕾博士领衔撰写，对 5G-NR 上下行解耦技术进行了系统的介绍。全书共 10 章，第 1 章介绍了 5G-NR 的发展、背景和标准化，第 2 章主要回顾了 5G-NR 上下行解耦技术的驱动力，第 3 章介绍了世界范围内的 5G 频谱和双工模式，第 4 章对 5G 网络部署的挑战以及上下行解耦技术的优势进行了系统分析，第 5 章介绍了 5G-NR 的组网模式和相关的上下行解耦技术的应用，第 6 章深入讨论了 5G-NR 中上下行解耦的空口接入机制，第 7 章对 NR 和 LTE 同频段共存的技术进行了探讨，第 8 章从终端角度介绍了上下行解耦技术的实现，第 9 章提供了实际外场测试的结果，第 10 章对上下行解耦技术的未来演进进行了展望。

本书适合电子通信领域相关人士阅读，不仅可以作为 5G-NR 研发和工程人员的研究资料，还可作为电子通信相关专业的高校老师、学生和研究人员的学习教材。

图书在版编目（CIP）数据

LTE/NR 频谱共享：5G 标准之上下行解耦/万蕾等著. —北京：电子工业出版社，2019.3
（5G 新技术丛书）

ISBN 978-7-121-35917-0

Ⅰ. ①L…　Ⅱ. ①万…　Ⅲ. ①解耦系统　Ⅳ.①TP271

中国版本图书馆 CIP 数据核字（2019）第 011586 号

策划编辑：李树林
责任编辑：李树林
印　　刷：北京季蜂印刷有限公司
装　　订：北京季蜂印刷有限公司
出版发行：电子工业出版社
　　　　　北京市海淀区万寿路 173 信箱　邮编：100036
开　　本：720×1000　1/16　印张：15　字数：252 千字
版　　次：2019 年 3 月第 1 版
印　　次：2019 年 3 月第 1 次印刷
定　　价：69.00 元

凡所购买电子工业出版社图书有缺损问题，请向购买书店调换。若书店售缺，请与本社发行部联系，联系及邮购电话：（010）88254888，88258888。

质量投诉请发邮件至 zlts@phei.com.cn，盗版侵权举报请发邮件至 dbqq@phei.com.cn。

本书咨询和投稿联系方式：（010）88254463，lisl@phei.com.cn。

序

随着社会的进步和技术的发展，差不多每隔十年移动通信系统就会发生一次变革性换代，虽然现在正使用着第四代移动通信系统，但是我们已经站在了第五代移动通信系统部署的起点。1G、2G 主要解决人们打电话的诉求；3G 不但提高了电路域的数据业务速率，还通过引入分组域极大地提升了对宽带数据业务的灵活支持；而 4G LTE 系统则推动了移动互联网的全球性普及，并开启了包括物联网、车联网在内的面向垂直行业的应用。在这个沧海桑田、社会飞速发展的年代，一方面是社会对信息传输的需求在水涨船高，另一方面是移动通信系统一代一代的技术的变革和能力的提升，促进了社会信息化的进程。如果说 1G 到 4G 是面向个人通信的，5G 则是面向社会应用的，它会带来移动互联网、物联网和工业互联网的融合，将带动我们进入一个智能社会。

5G 的标准化节奏非常快，2018 年 6 月 3GPP 完成了 5G 独立组网的标准。一方面是为了满足全球移动数据发展的需求，另一方面是各个国家在当前信息时代中的竞争布局在推波助澜。5G 对经济发展的影响巨大，据有关机构预测：到 2035 年，5G 的市场规模将促使全世界 GDP 增长 7%，约 35 000 亿美元，新增就业岗位 2200 万个；到 2035 年，预期 5G 将会促进我国 GDP 增长近 10 000 亿美元，增加就业岗位近 1000 万个；美国总统特朗普说 5G 能为美国创造 300 万个新工作岗位，刺激 2000 多亿美元的投资，产生 5000 多亿美元的经济收入，所以美国在 2018 年 9 月发布了"5GFAST"计划，额外地给 5G 分配了新频谱。

5G 有三大应用场景：一是增强移动宽带的 eMBB，5G 在面向多媒体业务时有望带来相比现有网络 10 倍的用户体验提升和超过 20 倍的容量增强；二是超可靠低时延的 uRLLC，可靠性可达到 99.999%，时延要从 10 毫秒降到 1 毫秒，未来可支持 500 千米时速的高铁、远程医疗等应用；三是广覆盖大连接的 mMTC，1 平方千米中可以连接 100 万个传感器。

5G 时代，视频将会是移动数据的主要业务，我国互联网和移动互联网用户 7 成以上会使用网络视频。2018 年上半年，我国移动互联网累计流量达到 266 亿 GB，同比增长 199.6%；2018 年 6 月，当月户均移动互联网接入流量达到 4.24 GB，同比增长 172.8%。飞速增长的移动网络视频业务对 5G 提出了大带宽的诉求，国际电信联盟面向 IMT-2020（5G）的频谱资源需求研究指出，要满足未来十年移动通信发展的需要，每家运营商需要至少 1 GHz 带宽部署 5G 网络，其中在传播特性好的 Sub 6 GHz 至少需要连续 100 MHz 大带宽的频谱资源。据此，各国都纷纷为 5G 寻找大带宽的频谱。

2018 年，我国已明确 5G 频谱规划从 Sub 6 GHz 频段开始，并面向三大运营商发放 5G 试验频率使用许可：中国电信和中国联通分别在 3.5 GHz 附近的频段获得 100 MHz 带宽的频谱资源，中国移动在 2.6 GHz 附近获得 160 MHz 带宽的频谱资源，以及在 4.9 GHz 附近的频段上额外的 100 MHz 频谱资源。在全球各个国家和地域，3.5 GHz 附近的 C 波段也是最主要的 5G 初期部署频段。此外，美国、韩国和日本也尝试在 28 GHz 毫米波的高频段进行 5G 网络应用的初步尝试。

虽然我国为 5G 分配了优质的频谱资源，但其频率相对当前 LTE 网络所部署的频段而言仍然相对较高，路径损耗较大，其传输距离会因此而受限，导致为了满足移动通信网络连续覆盖的需要而必须增加基站的密度。相比于 4G 的低频网络部署，C 波段上 5G 的基站数将是 4G 的 4～5 倍，投资将会大幅增加。中国现在的移动通信基站数已达 670 万个，4～5 倍的站址意味着高昂的网络建设成本。同时，密集的基站将导致移动性体验降低，比如在移动速度较快时就会出现频繁的切换。所以，5G 首批商用部署的一个重点就是保障覆盖，最好能和 4G 共站建设，同时还要保证 5G 的连续覆盖。

另外，5G 需要支持智能手机业务、智慧工厂业务、物联网与车联网业务、高铁业务，这些业务带宽不一样，要求的可靠性和时延也不同。如果所有业务都在一个频段上传输会对 5G 网络上下行资源配比、帧结构等配置提出不同的要求，这实际上是不合适的。针对这个需求，5G 提供了虚拟化切片技术，把不同需求的业务类型分别处理，共用 5G 网络的物理设施。同时，为了满足容量、覆盖和时延的平衡，可以引入 5G 高低频融合组网，如本书中阐述的上下行解耦技术。本书介绍的 LTE/NR 频谱共享方案很好地兼顾了 5G 高频大带宽和低频广覆盖、低时延的优势，同时利用 LTE 现有网络部署进行 4G/5G 共站建设，大大降低了 5G 初期部署的建设投资，使能 LTE 向 5G 网络部署的平滑演进。

华为技术有限公司和各运营商，以及它的产业伙伴基于对移动通信网络部署和网规网优方面的多年经验和难点痛点问题的深刻理解，在 5G 标准化过程中以终为始地围绕 5G 新空口设计中的覆盖问题进行研究，在 5G 标准的第一个版本中引入上下行解耦特性，通过绑定高频 TDD 载波和低频点的辅助上行载波来保证 5G 独立部署的大覆盖能力。2018 年，中国的 IMT-2020 推进组在 5G 第三阶段测试规范中将上下行解耦作为 5G 独立部署的必选特性，并组织了多个网络设备厂商、芯片和终端厂商间的互联互通测试。

本书围绕 5G 网络商用部署中的频谱和覆盖问题，重点论述了上下行解耦和 LTE/NR 共存等 5G 关键技术特性，提出了提升 5G 上行覆盖、LTE 与 5G 和谐共存、平滑演进的网络部署方案。本书的主要作者万蕾博士等长期参与 3GPP 标准工作，对 4G、5G 的空口设计、频谱和双工机制、网络覆盖和用户体验评估等方面有着深刻的理解。本书的素材既有来自于 3GPP 的最新规范、技术文稿、会议记录，也有来自于外场试验的实测数据；不仅有对上下行解耦和 LTE/NR 共存的详细阐述，还有其与其他主流技术的多角度对比和方案背后的技术原理的深入探讨。因此，本书一方面可以作为通信研究同行的参考资料，了解技术的发展趋势，学习 3GPP 标准化过程中的研究方法，也可以成为产品开发者的技术指导资料，还可以是 5G 首批商用部署的特性选择和决策的参考手册。本书还希望通过克服 5G 的覆盖、时延等方面面临的挑战，推动我国通信产业的创新和领先发展，为我国的 5G 事业的成熟和发展贡献力量。

中国工程院院士

2019 年 1 月 18 日

前言

　　随着移动通信技术的迅速发展，万物互联的智能世界将革命性地改变人们的生活。海量的设备连接，迅猛增长的数据流量，以及实时性、可靠性要求更高的新型业务，这些都对未来通信系统提出了更高的要求。早在 2012 年 7 月，国际电信联盟无线电通信组就启动了对 2020 年及以后的未来无线通信的研究；在 2013 年至 2015 年期间，包括中国、欧洲、韩国、日本和美国在内的诸多国家和地区相继成立了 5G 推进组织和研究机构，业界、研究机构和高校都非常积极地投入到 3GPP 5G-NR 的研究当中，这为最终能够制定出广泛支持多种应用场景的无线接入技术方案打下了坚实的基础。国际电信联盟启动 IMT-2020 研究已经六年了，在 2018 年 3GPP 发布了首个 5G 国际标准版本，迎来了 5G 标准化的第一个里程碑，其中 5G 非独立部署标准在 2018 年 3 月冻结，5G 独立部署版本在 2018 年 6 月冻结。2018 年 9 月，3GPP 向 ITU 提交了 5G 技术标准提案和初评报告。

　　在获得了大带宽频谱后，5G 的峰值速率不断刷新，在视距传输条件下能达到 100 MHz 4 Gbps 以上的峰值速率。但是在实际商用部署中，5G-NR 新无线接入技术面临的首要问题是覆盖问题，因为在蜂窝移动通信网络中，蜂窝小区边缘速率决定了用户体验，并在一定程度上决定了网络容量。当前，4G LTE 蜂窝网络部署已经占据了无线频谱中传输损耗小、广覆盖的 2.6 GHz 及以下中低频段，随着社会信息化的发展，4G 用户数在未来几年内还将保持强劲增长的趋势，因此被 4G LTE 占据的中低频段在短期内难以释放给 5G 使用。另外，5G 系统在大带宽的频谱资源利用方面也更能够发挥其空口设计优势，而 2 GHz 以下的低频段很难找到 100 MHz 以上的连续频谱，因此在全球范围内 5G 初期部署主要集中在有潜在大带宽资源的 2.6 GHz 到 5 GHz 的 C 波段等中频频段，以及部分毫米波补充频段。无论是 C 波段还是毫米波频段，其无线信号的传播损耗都明显大于目前 2G/3G/4G 蜂窝网络部署的中低频段，覆盖是最主要的问题，尤其是手持终端上行发射功率受限，而且中高频段都选用 TDD 制式导致上行不能连续发射，因此上行覆盖不足将是 5G 首发商用阶段需要解决的最主要问题。

本书聚焦 5G-NR 新无线接入技术标准中的上下行解耦、LTE/NR 上行和下行频谱共享等技术特性，通过与 LTE 系统的和谐频谱共享和共存，提升 5G 网络覆盖性能，提供了从 LTE 向 5G 平滑的网络演进路线。5G-NR 的上下行解耦特性创造性地提出了把用户上行传输和下行传输频段解耦的概念，允许 5G-NR 下行锚定具有大带宽的频段（如 C-band），依赖多天线技术提供高速率下载等下行服务，而上行则与 LTE 网络共享低频段频谱，从而极大地扩展 5G 小区的上行覆盖。提升 5G 首发商用部署的覆盖，能够降低部署基站的数量和密度，可以达到 5G-NR 和 LTE 共站部署共覆盖的效果，从而极大地降低 5G 部署成本，加快 5G 商用网络部署的节奏。上下行解耦带来的另一个优点是低空口时延，因为上行传输可以在低频 FDD 上行频段的任意时隙上发送，而不像在 TDD 频段的上行发送时隙上那样受限，因此上下行解耦的 5G-NR 链路其下行传输对应的上行反馈明显快于那些仅在 TDD 频段传输的 5G-NR 链路的上行反馈，从而可以提供和 FDD 系统相同的低空口时延。众所周知，中高频段的覆盖受限导致其业务适用范围受限，尤其对于广覆盖的物联网和高可靠低时延类的业务。而采用上下行解耦的 5G 部署通过提升上行链路的覆盖可以很好地弥补中高频段的业务受限这一缺点，完美地把大带宽下行高速率传输和上行广覆盖与低时延结合在一起，真正达到包括移动宽带接入、广覆盖大连接物联网、超低时延的高可靠业务的全业务公共网络的部署和配置。

本书为 5G 新无线接入技术的研究人员和开发人员系统地讲解了上下行解耦等频谱共享的技术特性。全书分为三部分共十章,第一部分介绍了上下行解耦的标准化背景和驱动力,包括:第 1 章 5G-NR 的发展、背景和标准化,第 2 章 5G-NR 上下行解耦技术的驱动力,以及第 3 章 5G 频谱和双工模式。第二部分详细阐述了 5G-NR 上下行解耦的系统设计和部署方案,包括:第 4 章 5G 网络部署、覆盖分析和挑战,第 5 章 5G-NR 组网模式和上下行解耦应用场景,第 6 章 3GPP Release 15 上下行解耦的空口接入机制,第 7 章 LTE/NR 同频段下行共存和第 8 章 Sub 6 GHz 终端的实现和能力。第三部分从产业角度总结了上下行解耦的产业化进程并指出下一步演进方向,包括第 9 章上下行解耦外场测试和第 10 章上下行解耦技术的展望。

本书的完成离不开参与 LTE、5G-NR 的新无线接入技术/上下行解耦标准化工作的同行们两年来的辛苦努力,离不开对现有网络痛点问题认识深刻的运营商的专家们给予的技术和标准上的支持,离不开对实现难点了如指掌的终端和芯片同行们提供的技术帮助,也离不开严谨的互通测试和外场测试的同事们,我们尽可能将他们的贡献指明出处。在 3GPP 5G-NR 20 个月的上下行解耦标准化讨论过程中,大量的覆盖分析、仿真评估、网络部署和终端实现分析及热烈讨论贯穿始终。3GPP 历史上鲜有对一个技术特性在其标准化过程中进行如此全方位的分析和评估,翔实的分析为商用部署和网络配置及优化管理提供了保障。谨以此书献给那些为 5G 和上下行解耦特性做出贡献的标准代表、仿真团队、研发和测试团队;献给 IMT-2020 推进组、广大支持 5G 的运营商和各参与公司的专家们,让我们期待 5G 以最稳健的步伐走上历史的舞台,开启移动通信的新篇章。

最后,对于本书中存在的不足之处敬请读者和专家批评指正。

著者

2019 年 1 月 13 日

目 录
CONTENTS

第1章 概　　述

1.1　5G-NR 的发展和背景

2012 年 7 月，国际电信联盟无线电通信组（International Telecommunication Union Radio communication sector，ITU-R）启动了对 2020 年及未来的无线通信技术的研究，这也就是后来广为人知的国际移动通信 IMT-2020（International Mobile Telecommunications 2020），随即在全球掀起了第五代移动通信技术（5th Generation，5G）研究的热潮。在 2013 年至 2015 年期间，包括中国、欧洲、韩国、日本和美国在内的诸多国家和地区相继成立了 5G 推进组织和研究机构。各个国家及地区的研究组织对 5G 的应用场景和能力需求进行了广泛而深入的研究，为之后 ITU-R 确定 5G 愿景提供了有力的保障和参考。2015 年，ITU-R 综合各个国家及地区研究组织的研究成果，确定了 5G 愿景[1]。

随着 5G 研究的不断成熟和完善，在 2014 年年末，对 5G 技术的研究逐渐从学术界延伸到工业界。在 2015 年 ITU-R 确定 5G 愿景的时候，第三代合作伙伴计划（3rd Generation Partnership Project，3GPP）作为全球范围内最为支持 5G 研究的标准化组织之一，为了实现 5G 愿景，迅速启动了技术需求研究和应用场景调研。2015 年 9 月，3GPP 在北京举行了 5G 技术的研讨会，并在随后的 2016 年 3 月通过了 5G 研究的立项[2]，同时启动了 5G 新空口（5G New Radio，5G-NR）的技术研究[3]。业界、研究机构和高校都非常积极地投入到 3GPP 5G-NR 的研究当中，这为最终能够制定出广泛支持多种应用场景的无线接入技术方案打下了坚实的基础。

2018 年 3 月，3GPP 完成了 5G-NR 第一个版本的非独立组网标准，5G 独立部署版本在 2018 年 6 月冻结，迎来了标准化的第一个里程碑。2018 年 9 月，3GPP 向 ITU 提交了 5G 技术标准提案和初评报告，5G 获得了全世界广泛的支持，未来全球 5G 的部署将打开世界万物互联的大门，而协作共赢也恰恰是 5G 部署中的重中之重。

1.1.1　5G 在国际范围内的研究

从 2013 年开始，各个国家和地区的研究人员加大了对 5G 应用场景和关键技术的研究力度。在 ITU 开始 5G 愿景研究以后，诸多国家及地区的推进组织和研究机构相继在中国、欧洲、韩国、日本和美国成立。这些组织从 5G 需求、应用场景和部署场景开始研究，随后扩展到了关键技术和 5G 频谱。与此同时，下一代移动通信网络（Next Generation Mobile Networks，NGMN）作为全球移动网络运营商联盟也从运营商的视角开始研究 5G 需求。

● 中国：IMT-2020（5G）推进组

2013 年 2 月，中国的工业和信息化部、国家发展和改革委员会以及科学技术部共同组织成立了 IMT-2020（5G）推进组。该推进组由中国的运营商、网络设备商、研究机构和高校组成，是中国推进 5G 研究的主要平台。

IMT-2020（5G）推进组在 2014 年 5 月发布了 5G 愿景白皮书[4]，其中指出：移动宽带和物联网将成为 5G 网络中两种重要的应用场景。一方面，5G 将继续对移动宽带场景进行增强，在多种环境中提供 1 Gbps 的用户体验速率；另一方面，5G 需要为物联网提供海量连接、低时延和高可靠的服务，因而物联网将成为 5G 网络部署的新驱动者。中国 5G 白皮书最先给出了 5G 应用场景的概述，随后 ITU-R 对该应用场景进行扩展并认定为 5G 的三大应用场景。

● 欧洲：5G PPP

5G 基础设施建设中的政府和社会资本合作（5G Infrastructure Public Private Partnership，5G PPP）是欧盟委员会和欧洲信息通信产业共同倡议的 5G 研究模式。5G PPP 的第一阶段是从 2015 年 7 月开始的，并在 2017 年继续其第二阶段的研究。

在第一阶段的 5G PPP 倡议之前，即 2012 年 11 月，欧洲便开始了 5G 重点研究项目——实现 2020 信息社会的移动和无线通信项目（Mobile and wireless communications Enablers for Twenty-twenty Information Society，METIS），并于 2013 年 4 月公开了其在 5G 应用场景和需求方面的研究成果[5]。在其研究中，除移动宽带应用之外，METIS 还提出了很多新的工业和机器类的通信应用。2015 年 4 月，METIS 在公开发表的研究中将应用场景分为三类[6]——极致的宽带移动通信（Extreme Mobile Broadband，xMBB）、海量机器类通信（Massive Machine-Type Communications，mMTC）和高可靠的机器类通信（Ultra-reliable Machine-Type Communications，uMTC），而这三类场景恰恰是 ITU-R 所采纳的三大 5G 应用场景，本书将在第 2 章中对其进行详细介绍。

- 韩国：5G Forum

5G Forum 由韩国的科技、信息通信技术与未来规划和移动产业部在 2013 年 5 月成立，旨在帮助推进 5G 标准化进程并且扩展其在全球范围内的影响。5G Forum 的成员包括移动通信运营商、制造商和学术界的专家。

5G Forum 预测了 5 大核心应用服务，包括社交网络服务、移动 3D 成像、人工智能、高速服务、超高清分辨率能力以及全息技术。这些新的业务都会通过强大的 5G 网络提供服务。

- 日本：5GMF

第五代移动通信推进论坛（5th Generation Mobile Communications Promotion Forum，5GMF）于 2014 年 9 月成立于日本。5GMF 的研究和工作包括 5G 的标准化、相关组织的协作，以及其他推进活动。

5GMF 在 2016 年 7 月发表了白皮书[7]，突出了高速率数据服务、自动驾驶、定位服务等 5G 应用场景。5GMF 预测 5G 网络需要足够灵活才能够满足多种多样服务的需求。

- 美国：5G Americas

5G Americas 是由通信服务商和制造商组成的工业贸易组织，其成立于 2014 年，是 4G Americas 的延续。该组织的主要目标是支持和促进长期演进（Long Term Evolution，LTE）网络的深度应用和能力挖掘，同时关注 LTE 网络向 5G 的演进，其研究贯穿了整个产业链、服务、应用和无线连接终端，引领了整个美洲的 5G 发展。

5G Americas 于 2017 年 11 月发布了其关于 5G 服务和应用场景的白皮书[8]。该白皮书深入地研究了能够满足 5G 多样需求的关键技术，并且其提出的用例也为未来 5G 研究打下了坚实的基础。

- 全球组织：NGMN

NGMN 是全球移动网络运营商和制造商领导者的联盟组织，该组织的目标是扩展通信体验，为终端用户提供可负担的移动宽带服务，特别关注 5G 的发展，同时加速长期演进增强（Long Term Evolution-Advanced，LTE-Advanced）及其产业链的发展。

NGMN 于 2015 年 2 月发布了 5G 白皮书[9]，从运营商的角度提供了一系列的 5G 需求和指标。这些指标凸显了未来网络对高容量的需求，以及从城市到农村地区的广大覆盖区域内统一的用户速率体验的需求。该白皮书同时指出，5G 网络应该能够提供多种多样的服务，包括以海量传感器网络为代表的物联网通信、以触觉互联网为代表的极端实时通信，以及以电子健康服务为代表的超可靠通信等。这些服务必须能够在多种应用场景中得到保证，包括高速列车、移动热点和飞机等。

- 全球 5G 活动

5G 的发展需要通过全球范围内的协作来共同制定出一个统一的全球认可的 5G 技术标准。为此，包括 IMT-2020（5G）推进组、5G PPP、5G Forum、5GMF、5G Americas、5G Brasil 在内的 5G 推动组织举办了一系列国际化的 5G 活动，分享各地区的观点和发展状况，以推动 5G 达成全球共识，并且努力促进 5G 用于不同垂直行业，构建 5G 产业链。

1.1.2 3GPP 对于 5G 标准的启动

随着 IUT-R 和 5G 区域研究的发展，标准化组织从 2014 年开始就重点关注 5G，3GPP 是 5G 标准化研究组织中的重要一员。

随着 3G 网络的发展，3GPP 已经成为全球移动通信标准的领导者，它把 LTE 标准应用于移动宽带业务，使得 LTE 成为全球应用最成功的移动通信标准之一。

3GPP 将世界各地的电信标准发展组织（Standards Development Organization，SDO）统一组织到一起进行标准化工作。这些 SDO 在 3GPP 中被称为组织伙伴（Organization Partner，OP），目前有七个 OP：日本的无线工业及商贸联合会（Association of Radio Industries and Businesses，ARIB）和电信技术委员会（Telecommunications Technology Committee，TTC）、美国的电信产业解决方案联盟（Alliance for Telecommunications Industry Solutions，ATIS）、中国通信标准化协会（China Communications Standards Association，CCSA）、欧洲电信标准化协会（European Telecommunications Standards Institute，ETSI）、印度电信标准开发协会（Telecommunications Standards Development Society India，TSDSI）和韩国的电信技术协会（Telecommunications Technology Association，TTA）。七个 OP 为成员提供了稳定的组织环境来研究和开发 3GPP 技术。3GPP 的成员包括关键行业参与者、领先运营商、供应商、用户终端制造商和芯片组开发人员，同时还包括有区域影响力的研究机构、学术机构和大学。3GPP 成员积极参与技术标准的制定，确保 3GPP 技术能够解决不同方面和不同区域所关注的内容和问题。基于不同成员所达成的一致意见，由 3GPP 制定的技术规范将被 OP 纳入其区域规范中。通过这种方式建立全球移动通信标准，这是 3GPP 标准开发成功的关键所在。

LTE 协议是基于广泛共识机制的一个成功先例，全球范围的广泛参与，为 LTE 发展、标准化和实施的成功奠定了坚实的基础。由于 LTE 技术的巨大成功，3GPP 已经成为 5G 必不可少的标准开发组织。2015 年，随着 5G 愿景的逐渐成熟，3GPP 启动了 5G 研究和开发。

3GPP 5G-NR 协议研究规划如图 1-1 所示，在 2016 年年底到 2017 年年初，当 3GPP 处于第 14 版本（Release 14，Rel-14）的研究周期时，3GPP 进行了 5G 技术需求和部署方案的研究，目标是在 2018 年 6 月实现 ITU-R 定义的 5G 愿景。3GPP 在 5G 研究过程中确定了 5G-NR 开发的关键技术，这些关键技术构成了 Release 15 规范工作的基础，Release 15 从 2017 年年初持续到 2018 年 6 月。在 2018 年至 2019 年年底的期间，3GPP 同时计划在 Release 16 中开发包括 5G-NR 和 LTE 在内的全能力 3GPP 5G 技术。通过这一阶段性的计划方案，3GPP 将把其制定的 5G 标准作为 IMT-2020 的解决方案，并在 2020 年度递交到 ITU-R。

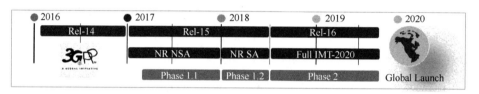

图 1-1　3GPP 5G-NR 协议研究规划

1.2　5G-NR 标准化

5G-NR 研究不同阶段的目标简介如图 1-2 所示，在 5G-NR 标准化的第一阶段工作一部分是 5G-NR 的基本框架的搭建，包括初始接入过程、基本的数据传输和控制过程等，还包括波形和正交频分复用（Orthogonal Frequency Division Multiplexing，OFDM）参数的选择，帧结构设计以及大规模多输入多输出（Multiple-Input Multiple-Output，MIMO）的支持；另一部分是架构方面的研究，主要包括独立组网/非独立组网、LTE/NR 共存、上下行解耦和载波聚合等特性。

5G-NR 的关键技术如图 1-3 所示，各项关键技术及其组合为 5G-NR 能够支持未来多种业务打下了坚实的基础。大带宽与大规模天线的结合带来断代式的用户速率体验，大规模天线的应用极大地提升了用户覆盖和运营商频谱价值；0.5 ms 的传输时延为时延敏感型业务提供支持；以用户为中心的网络管理实现随时随地的 100 Mbps 下载；上下行解耦使能 C 波段（C-band）与 1.8 GHz

附近的频段同覆盖，降低了运营商 5G-NR 部署成本；更加灵活和前向兼容的空口设计使能了多种业务的空口共存。

第一阶段	
5G-NR的基本框架	**架构**
•初始接入	•LTE/NR共存
•基本的数据传输和控制	•上行频谱共享（上下行解耦）
•波形包括CP-OFDM和DFT-S-OFDM	•载波聚合
•动态灵活的帧结构，基本OFDM参数	•CU-DU分离
•大规模MIMO	•独立组网和非独立组网
•上下行灵活资源分配的灵活双工	

第二阶段	
5G-NR持续提升	**垂直行业数字化**
•新的多址接入方式	•uRLLC
•eMBB Sub 6 GHz的增强	•mMTC
•自回传	•D2D
	•V2X
	•Unlicensed

图 1-2　5G-NR 研究不同阶段的目标简介

大带宽	原生大规模天线	统一空口	面向用户的网络
•3.5 GHz	•波束扫描	•灵活Numerology	•免小区参考信号
◆每载波最大100 MHz	•PDCCH波束成型	•嵌入式人工智能	•下行/上行多点协作
•28 GHz	•增强SRS	•免调度接入	•动态分簇
◆每载波最大400 MHz	•DMRS设计	•更短TTI	
•载波聚合		•自包含子帧	
◆最多支持16个载波聚合			

图 1-3　5G-NR 的关键技术

1.2.1　上下行解耦

上下行解耦是 Release 15 标准规范中的一个标准化特性[10, 11, 12, 13]，其概念可以直观地解释为：将一个蜂窝小区中的上行载波和下行载波配置在不同频段内的频点上。

在通常情况下，上行载波所在频段对应的频点比下行载波所在的频段对应的频点更低，有利于上行覆盖与下行覆盖的匹配。

在应用上下行解耦时，一个蜂窝小区中的下行载波可以是一个时分双工（Time Division Duplexing，TDD）载波，在该 TDD 载波上还存在一个 TDD 的上行通道。因此，该蜂窝小区中存在一个下行载波和两个上行载波，其中一个为增补上行（Supplementary Uplink，SUL）载波，另一个为普通上行载波。在本书中，将下行载波在一个频段内的上行载波称为普通上行载波或普通上行（Uplink，UL）。

上下行解耦在标准化过程中也经历了从标准推动到标准采纳的过程，其推动和标准化过程见表 1-1。上下行解耦的标准化内容主要包括物理层的工作机制、频段的定义、射频关键技术指标、高层的信令配置/指示和媒体接入控制（Medium Access Control，MAC）层的流程等，详细的关键技术标准化过程将在后续章节中进行介绍。

表 1-1　上下行解耦标准化过程

时间/会议	关 键 事 件
2017 年 1 月 16 日—20 日，RAN1 NR AH 1701[14]	➤ 3GPP 同意将 LTE/NR 上行共享列入研究范围，即 LTE 下行工作于 F3 频点，5G-NR 下行与 F3 不同的 F2 频点，LTE 和 5G-NR 的上行都在频点 F1 上进行共享，F1、F2 和 F3 频点不同，LTE 和 5G-NR 为共站点部署，即上下行解耦概念。频点 F1 信息在广播消息中通知。 ➤ 3GPP 还同意在独立和非独立组网中支持上下行解耦，奠定了上下行解耦概念在 3GPP 标准中的基础
2017 年 3 月 6 日—9 日，RAN#75[15]	➤ 3GPP 将 LTE/NR 上行共享列为 5G-NR 的 Work Item 的标准化范围，即标准化上行共存的关键技术和工作机制，明确不对存量 LTE 有影响
2017 年 4 月 3 日—7 日，RAN4#82bis[16]	➤ 3GPP 为上下行解耦定义了初始的频段组合，即上行为 1710～1785 MHz、832～862 MHz、880～915 MHz 和 703～748 MHz 与 3.3～4.2 GHz 的上下行解耦频段组合，在之后的 3GPP 会议中对上述频段进行了详细的标准化，并新加入了其他频段组合
2017 年 4 月 3 日—7 日，RAN1#88b[17]	➤ 3GPP 同意对上下行中存在的功率控制和 LTE/NR 之间的时序对齐进行研究
2017 年 5 月 15 日—19 日，RAN1#89[18]	➤ 在非独立组网模式中，3GPP 确定支持多个上行载波时分发送（非同时发送）； ➤ 在配置多个上行载波的情况下，3GPP 确定支持多个载波之间的时分发送； ➤ 在上下行解耦中，SUL 概念引入 3GPP，5G-NR 终端可以通过 SUL 载波进行随机接入； ➤ SUL 载波可以与 LTE 上行共享频谱
2017 年 6 月 27 日—30 日，RAN1 NR AH 1706[19]，RAN4 NR AH 1706[20]	➤ 3GPP 确定在 SUL 与 LTE 共享的上行载波上，支持 LTE 子载波与 5G-NR 子载波正交和不正交两种可配置的共享方式 ➤ 3GPP 同意 SUL 为基本频段（band）定义，并将 SUL 与其他载波的配对定义为 SUL 的频段组合

（续表）

时间/会议	关 键 事 件
2017 年 8 月 21 日—25 日，RAN1#90[21]，RAN4#84[22]	➤ 3GPP 确定了 5G-NR 终端根据参考信号接收功率（Reference Signal Receiving Power，RSRP）选择在 SUL 载波或者时分双工（Time Division Duplexing，TDD）载波上进行随机接入的机制； ➤ 非独立组网中，Single TX 工作模式下，主小区（Primary Cell，PCell）的频分双工（Frequency Division Duplexing，FDD）LTE 小区配置参考 TDD 配置指示上行反馈时序，确定了 Single TX 中的 LTE 的工作机制； ➤ 3GPP 确定了通过 SUL 进行上行随机接入的物理随机接入信道（Physical Random Access Channel，PRACH）的配置，并通过小区广播信道发送，包括进行上行随机接入载波选择的 RSRP 门限，用户设备（User Equipment，UE）通过选择的上行载波完成上行随机接入； ➤ 3GPP 确定了在连接模式（Connected mode）下的 5G-NR 终端可以在任意一个上行载波上调度 PRACH 发送； ➤ 在功率控制方面，3GPP 确定 SUL 与普通 UL 的开环功率控制参数分别独立配置； ➤ 开环功率控制参数 P_0 的范围需考虑 SUL 与普通 UL 的路径损耗差距
2017 年 9 月 18 日—21 日，RAN1 NR AH1709[27]，RAN4 NR AH1709[26]	➤ 3GPP 确定，SUL 使用的子载波间隔可以比本小区下行所使用的子载波间隔小； ➤ 3GPP 确定，SUL 可以承载本小区的上行控制信息（Uplink Control Information，UCI）； ➤ 3GPP 确定，调度用户在 SUL 载波上发送信号的控制信息来自本小区的下行载波
2017 年 10 月 9 日—13 日，RAN1#90bis[29]，RAN4#84bis[23]，RAN2#99[24]	➤ 5G-NR 通过无线资源控制（Radio Resource Control，RRC）信令将物理上行控制信道（Physical Uplink Control Channel，PUCCH）配置在 SUL 或者在普通 UL 载波上； ➤ 默认的物理上行共享信道（Physical Uplink Shared Channel，PUSCH）载波与 PUCCH 载波相同； ➤ 5G-NR 通过 RRC 配置 PUSCH 可以在 SUL 和普通 UL 之间动态调度，在 SUL 和 UL 上分别配置激活带宽部分（Bandwidth Part，BWP），SUL 和普通 UL 上不同时发送 PUSCH； ➤ 5G-NR 还可以配置为只在 SUL 或普通 UL 上调度 PUSCH； ➤ SUL 和普通 UL 的探测参考信号（Sounding Reference Signal，SRS）的配置相互独立，而不依赖于 PUCCH 和 PUSCH 的配置
2017 年 11 月 27 日—12 月 1 日，RAN1#91[30]，RAN4#85[25]	➤ SUL 和普通 UL 属于一个定时调整组（Timing Advance Group，TAG）； ➤ 当 SUL 和普通 UL 使用不同子载波间隔时，定义了 TA 调整命令的粒度； ➤ 定义了下行和上行反馈子载波间隔不同时 UE 的处理时间能力； ➤ 定义了从 PDCCH（Physical Downlink Control Channel，物理下行控制信道）调度和 PUSCH 传输子载波间隔不同时 UE 的处理时间能力； ➤ 定义了 PUSCH 在 SUL 和普通 UL 上的下行控制信息（Downlink Control Information，DCI）调度机制和格式； ➤ 确定了 PDSCH 和在 SUL 上反馈上行控制信息的时序机制； ➤ 确定了调度的 UCI 和 PUSCH 分别在 SUL 和 UL 载波上发送，但在时间上有重叠时的 UCI 随路传输机制；

（续表）

时间/会议	关 键 事 件
2017 年 11 月 27 日—12 月 1 日，RAN1#91[30]，RAN4#85[25]	➤ 确定了连接态的 PRACH 触发载波选择机制； ➤ 确定了非独立组网模式下，Single TX 模式的触发条件； ➤ 确定了 5G-NR 的开环功率控制参数 P_0 的范围比 LTE 增大 76 dB（考虑了 SUL）
2018 年 1 月 22 日—26 日，RAN1 NR AH 1801[28]	➤ 进一步细化了 DCI 中 SUL 和普通 UL 标识的标准化细节； ➤ 半静态调度（Semi-Persistent Scheduling，SPS）SRS 的激活及去激活应该明确是 SUL 还是普通 UL
2018 年 2 月 26 日—3 月 2 日，RAN1#92[31]	➤ 确定了在非独立组网中 Single TX 模式下，LTE 侧的 PUSCH 调度时序、PDSCH 调度机制、PUCCH 反馈时序、PUCCH 资源分配等其他细节； ➤ 在初始接入中使用的 N_TA_offset 配置对于 SUL 和普通 UL 一致

1.2.2　LTE/NR 同频段共存

表 1-2 中给出了 LTE/NR 同频段共存的标准化过程，包括 LTE 与 5G-NR 共享频谱和邻频共存，其中共享频谱的概念是指 LTE 和 5G-NR 在上下行传输方向上使用互相重叠的频率，LTE 和 5G-NR 的载波在频率上部分或者全部重叠。与上下行解耦提升小区上行覆盖不同，上下行共享频谱是在有限的频谱上，尤其是频分双工（Frequency Division Duplexing，FDD）的频谱上同时部署 LTE 和 5G-NR，达到同时服务 5G-NR 用户和存量 LTE 用户的目的，实现 LTE 向 5G-NR 的平滑过渡，尤其适合缺少新 5G 频谱的运营商使用。LTE/NR 邻频共存部署是将 LTE 和 5G-NR 部署在同一个频段内的不同频率上，为了避免 LTE 和 5G-NR 相互间的干扰，5G-NR 需要有特殊的设计，特别是当 LTE 和 5G-NR 部署在同一个 TDD 频段上时，二者之间需要通过合理的设计来避免上下行之间的干扰。根据不同频谱和带宽的配置，上下行同频段共存有多种方式，在本书的后续章节中将进行详细的介绍。

表 1-2　LTE/NR 同频段共存的标准化过程

时间/会议	关 键 事 件
2016 年 10 月 10 日—14 日，RAN1#86bis[32]	➤ 3GPP 确定支持 LTE 和 5G-NR 在同一个频段上高效共存，至少考虑以下的 LTE 特性：多媒体广播单频网（Multicast Broadcast Single Frequency Network，MBSFN）的配置、TDD 配置、LTE 辅小区的激活和去激活、增强的干扰管理与业务自适应（Enhanced Interference Management and Traffic Adaptation，eIMTA）。 ➤ 5G-NR 将时频资源的指示机制列为研究范围，比如预留资源、系统带宽的重配置等。 ➤ 5G-NR 还考虑在 LTE 和 NR 之间定义回传接口信令用于 LTE 和 5G-NR 的协作，避免干扰

（续表）

时间/会议	关 键 事 件
2016 年 11 月 14 日—18 日，RAN1#87[32]	➤ 5G-NR 标准在制定中对于 LTE 和 NR 的共存考虑支持以下机制： □ 灵活的时域起始位置绕开 LTE 中 MBSFN 子帧的控制符号； □ 允许 5G-NR 在上行发送时避免 LTE 的 SRS 符号
2017 年 1 月 16 日—20 日，RAN1 NR AH 1701[14]	➤ 5G-NR 确定支持下行在 LTE 的 MBSFN 子帧中的工作； ➤ 5G-NR 与 LTE 上下行共存不期望 5G-NR 用户识别 LTE 的信号
2017 年 4 月 3 日—7 日，RAN1#88b[17]	➤ 5G-NR 确定支持在 MBSFN 子帧之外的 LTE 子帧中正常发送； ➤ 可以使用短时隙结构（Mini-Slot）调度； ➤ 可以通过前向兼容的预留资源配置预留 LTE 的物理广播信道（Physical Broadcast Channel，PBCH）、PDCCH、系统信息块（System information Block，SIB）等信号的时频资源位置
2017 年 5 月 15 日—19 日，RAN1#89[18]	➤ 3GPP 确定了 5G-NR 的 TDD 配置周期为[Roughly 0.125 ms，Roughly 0.25 ms] 0.5 ms，1 ms，2 ms，5 ms，10 ms
2017 年 6 月 27 日—30 日，RAN1 NR AH 1706[19]，RAN4 NR AH 1706[20]	➤ 5G-NR 支持 30 kHz 子载波间隔的同步和主广播信号图样避开 LTE 的公共参考信号（Common Reference Signal，CRS）符号，5G-NR 同步和主广播信号可以在普通 LTE 子帧中发送； ➤ 对于 LTE/NR 的共存支持 Xn 和 X2 接口信令，包括：SCell 的激活和去激活信息、LTE MBSFN 子帧配置、预留资源信息等； ➤ 5G-NR 支持在成对频谱（FDD 频谱）上行有可配置的 7.5 kHz 频偏，满足 5G-NR 和 LTE 在上行信号发送时的子载波正交特性
2017 年 8 月 21 日—25 日，RAN1#90[21]，RAN4#84[22]	➤ 对于在重叠频率上的 LTE/NR 同频段频谱共享，3GPP 确定了在 X2 和 Xn 基站之间的接口信令中标准化以下信息，从而便于 LTE 和 NR 系统之间的协作： □ LTE 小区的激活和去激活配置，LTE 的 MBSFN 子帧配置，LTE 载波的中心位置、LTE 带宽、时间同步和系统帧号（System Frame Number，SFN）同步相关的信令； □ 对于半静态保留资源的指示[避免与以下 LTE 信道和参考信号产生冲突：信道状态信息参考信号（Channel State Information Reference Signal，CSI-RS）、SRS、PRACH、PUCCH、解调参考信号（DeModulation Reference Signal，DMRS）、主同步信号（Primary Synchronization Signal，PSS）/辅同步信号（Secondary Synchronization Signal，SSS）和 PBCH 等信道和参考信号]； □ 不用于 LTE 或者 5G-NR 使用的 PRB 和时隙资源。 ➤ 对于在邻频部署的 LTE/NR 共存，3GPP 确定了在 X2 和 Xn 基站之间的接口信令中标准化以下信息以便于 LTE 和 5G-NR 系统之间的协作： □ 基站间同步和 SFN 同步相关的信令； □ 上下行的资源分配及配置，包括 LTE 的 TDD 配置和特殊子帧配置

（续表）

时间/会议	关 键 事 件
2017 年 10 月 9 日—13 日，RAN1#90bis[29]，RAN4#84bis[23]，RAN2#99[24]	➤ 5G-NR 支持通过预留资源配置预留 LTE-CRS 的时频资源，实现动态的下行共存； ➤ 5G-NR 支持通过 RB-symbol-level 的资源预留配置预留 LTE 的其他固定信号发送的位置； ➤ 5G-NR 将已经定义的 PBCH 带宽从 24 个 PRB 修改为 20 个 PRB 以适应 10 MHz 内的 30 kHz 同步和广播信号能够满足最小带宽 10 MHz 和信道栅格（channel raster）以及同步栅格（sync raster）的关系； ➤ 5G-NR 定义了用于半静态上下行资源分配的 TDD 配置方法
2017 年 11 月 27 日—12 月 1 日，RAN1#91[30]，RAN4#85[25]	➤ 5G-NR 中对 LTE CRS 的预留位置的配置通过 LTE 的中心载波位置、带宽、天线端口数，以及 CRS 的频率偏移等参数实现； ➤ 每个 5G-NR 小区中支持一个 LTE 载波的预留资源配置； ➤ MIB 指示的初始控制信道的起始 OFDM 符号配置支持错开 LTE 的 CRS OFDM 符号位置； ➤ 小区级的 TDD 上下行资源配置可通过 X ms + Y ms 的形式配置

参 考 文 献

[1] ITU. IMT Vision – Framework and overall objectives of the future development of IMT for 2020 and beyond: Recommendation：ITU-R M. 2083 [S]. 2015-09.

[2] 3GPP. New SID Proposal: Study on New Radio Access Technology Spokane: RP-160671 [R/OL]. Göteborg, Sweden. 2016-03. http://www.3gpp.org/ftp/tsg_ran/TSG_RAN/TSGR_71/Docs/.

[3] 3GPP. Report of 3GPP TSG RAN meeting #71: RP-161313 [S/OL]. Göteborg, Sweden, 2016-03. http://www.3gpp.org/ftp/tsg_ran/TSG_RAN/TSGR_71/Report/.

[4] IMT-2020 (5G) PG. 5G vision and requirement white paper [R/OL]. 2014-05. http://www.imt-2020.cn/zh/documents/download/1.

[5] METIS. D1.1 Scenarios, requirements and KPIs for 5G mobile and wireless system[R]. 2013-04.

[6] METIS. D6.6 Final report on the METIS 5G system concept and technology roadmap[R]. 2015-04.

[7] 5GMF. 5G Mobile Communications Systems for 2020 and beyond[R/OL]. 2016-07. http://5gmf.jp/en/whitepaper/5gmf-white-paper-1-01/.

[8]　5G Americas. 5G services and use cases[R/OL]. 2017-11. http://www.5gamericas.org/files/ 9615/1217/2471/5G_Service_and_Use_Cases__FINAL.pdf.

[9]　NGMN. 5G white paper[R/OL]. 2015-02. https://www.ngmn.org/fileadmin/user_upload/ NGMN_5G_White_Paper_V1_0_01.pdf.

[10]　3GPP. New Radio (NR), Physicalchannels and modulation: Technical Specification 38.211 [S/OL]. 2018-09-27. http://www.3gpp.org/ftp/Specs/archive/38_series/38.211/.

[11]　3GPP. New Radio (NR), Multiplexing and channel coding: Technical Specification 38.212 [S/OL]. 2018-09-27. http://www.3gpp.org/ftp/Specs/archive/38_series/38.212/.

[12]　3GPP. New Radio (NR), Physical layer procedures for control: Technical Specification 38.213 [S/OL]. 2018-09-27. http://www.3gpp.org/ftp/Specs/archive/38_series/38.213/.

[13]　3GPP. New Radio (NR), Physical layer procedures for data: Technical Specification 38.214 [S/OL]. 2018-09-27. http://www.3gpp.org/ftp/Specs/archive/38_series/38.214/.

[14]　3GPP. R1-1701553 Final Report of 3GPP TSG RAN WG1 #AH1_NR v1.0.0[R/OL]. Spokane, USA, 2017-01. http://www.3gpp.org/ftp/tsg_ran/WG1_RL1/TSGR1_AH/NR_ AH_1701/Report/.

[15]　3GPP. RP-171409 Report of 3GPP TSG RAN meeting #75[R/OL]. Dubrovnik, Croatia. 2017-03. http://www.3gpp.org/ftp/tsg_ran/TSG_RAN/TSGR_75/Report/.

[16]　3GPP. R4-1704501 RAN4#82bis Meeting report. Spokane[R/OL], USA, 2017-04. http:// www.3gpp.org/ftp/tsg_ran/ WG4_Radio/TSGR4_82b/Report/.

[17]　3GPP. R1-1708890 Final Report of 3GPP TSG RAN WG1 #88bis v1.0.0[R/OL]. Spokane, USA, 2017-04. http://www.3gpp.org/ftp/tsg_ran/WG1_RL1/TSGR1_88b/Report/.

[18]　3GPP. R1-1712031 Final Report of 3GPP TSG RAN WG1 #89 v1.0.0[R/OL]. Hangzhou, 2017-05. http://www.3gpp.org/ftp/tsg_ran/WG1_RL1/TSGR1_89/Report/.

[19]　3GPP. R1-1712032 Final Report of 3GPP TSG RAN WG1 #AH_NR2 v1.0.0[R/OL]. Qingdao,2017-06. http://www.3gpp.org/ftp/tsg_ran/WG1_RL1/TSGR1_AH/NR_AH_1706/ Report/.

[20]　3GPP. R4-1707002 RAN4-NR#2 Meeting report[R/OL]. Qingdao, 2017-06. http://www. 3gpp.org/ftp/tsg_ran/WG4_Radio/TSGR4_AHs/TSGR4_NR_Jun2017/Report/.

[21]　3GPP. R1-1716941 Final Report of 3GPP TSG RAN WG1 #90 v1.0.0[R/OL]. Prague, Czech Rep, 2017-08. http://www.3gpp.org/ftp/tsg_ran/WG1_RL1/TSGR1_90/Report/.

[22]　3GPP. R4-1710101 RAN4#84 Meeting report[R/OL]. Berlin, Germany. 2017-08. http://www. 3gpp.org/ftp/tsg_ran/ WG4_Radio/TSGR4_84/Report/.

[23]　3GPP. R4-1712101 RAN4#84Bis Meeting report[R/OL]. Dubrovnik, Croatia，2017-10. http://www.3gpp.org/ftp/tsg_ran/ WG4_Radio/TSGR4_84b/Report/.

[24]　3GPP. R2-1710001 Report of 3GPP TSG RAN2#99 meeting[R/OL], Berlin, Germany, 2017-08. http://www.3gpp.org/ftp/tsg_ran/WG2_RL2/TSGR2_99/Report/.

[25] 3GPP. R4-1801401 RAN4#85 Meeting report[R/OL]. Reno, US，2017-12. http://www. 3gpp.org/ftp/tsg_ran/ WG4_Radio/TSGR4_85/Report/.

[26] 3GPP. R4-1710102 RAN4-NR#3 Meeting report[R/OL]. Nagoya, Japan. 2017-09. http:// www.3gpp.org/ftp/tsg_ran/WG4_Radio/TSGR4_AHs/TSGR4_NR_Sep2017/Report/.

[27] 3GPP. R1-1716942 Final Report of 3GPP TSG RAN WG1 #ΛH_NR3 v1.0.0[R/OL]. Nagoya, Japan，2017-09. http://www.3gpp.org/ftp/tsg_ran/WG1_RL1/TSGR1_AH/NR_ AH_1709/Report/.

[28] 3GPP. R1-1801302 Final Report of 3GPP TSG RAN WG1 #AH_1801 v1.0.0[R/OL]. Vancouver, Canada，2018-01. http://www.3gpp.org/ftp/tsg_ran/WG1_RL1/TSGR1_AH/ NR_AH_1801/Report/.

[29] 3GPP. R1-1719301 Final Report of 3GPP TSG RAN WG1 #90bis v1.0.0[R/OL]. Prague, Czech Rep, 2017-10. http://www.3gpp.org/ftp/tsg_ran/WG1_RL1/TSGR1_90b/Report/.

[30] 3GPP. R1-1801301 Final Report of 3GPP TSG RAN WG1 #91 v1.0.0[R/OL]. Reno, USA，2017-12. http://www.3gpp.org/ftp/tsg_ran/WG1_RL1/TSGR1_91/Report/.

[31] 3GPP. R1-1803571 Final Report of 3GPP TSG RAN WG1 #92 v1.0.0[R/OL]. Athens, Greece，2018-03. http://www.3gpp.org/ftp/tsg_ran/WG1_RL1/TSGR1_92/Report/.

[32] 3GPP. R1-1611081 Final Report of 3GPP TSG RAN WG1 #86bis v1.0.0[R/OL]. Lisbon, Portugal，2016-10. http://www.3gpp.org/ftp/tsg_ran/WG1_RL1/TSGR1_86b/Report/.

[33] 3GPP. R1-1701552 Final Report of 3GPP TSG RAN WG1 #87 v1.0.0[R/OL]. Reno, USA，2016-11. http://www.3gpp.org/ftp/tsg_ran/WG1_RL1/TSGR1_87/Report/.

第2章　5G-NR 上下行解耦技术的驱动力

ITU 的 5G 需求中包括增强型移动宽带（Enhanced Mobile Broadband，eMBB）、海量机器类通信（Massive Machine-Type Communications，mMTC）和高可靠低时延通信（Ultra-Reliable Low-Latency Communications，uRLLC）三种应用场景[1]，其中：eMBB 为移动宽带上网业务场景，满足人的无线通信的需求；mMTC 和 uRLLC 为机器通信，mMTC 即为海量的物联网连接，而 uRLLC 则强调业务的短时延和高可靠性。IMT-2020 的关键应用场景和能力如图 2-1 所示。

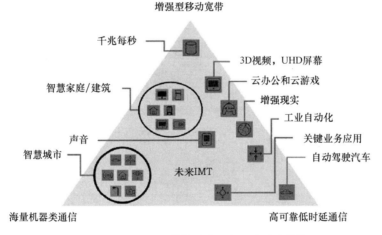

图 2-1　IMT-2020 的关键应用场景和能力[1,2]

● eMBB 业务

移动宽带接入提供了以人为中心的多媒体内容的服务和数据接入，人对移动宽带业务的需求将从移动宽带（Mobile Broadband，MBB）业务不断提升到 eMBB 业务。eMBB 业务除提供 MBB 的传统业务应用之外还能够提供新的业务应用和需求，包括业务性能的提升和无缝覆盖的业务体验。eMBB 接入包括具有不同要求的大范围覆盖和无线热点服务等多种场景，在表 2-1、图 2-2 和图 2-3 中分别给出了下行视频业务的不同速率需求、5G-NR 部署初期的主流终端类型和业务，以及 5G-NR 部署初期的上行业务。对于无线热点服务场景，例如在用户密度超高的区域，对业务容量有较高的需求。对于大范围的覆盖场景就要求网络具有极致的无缝覆盖，以及在中高移动速度中提供高速数据服务的能力。

表 2-1　下行视频业务的不同速率需求

分　类	分 辨 率	2D	3D	全息
监视器/ 智能手机	360P	～300 kbps	—	—
	480P	～800 kbps	—	—
	720P	～1.5 Mbps	—	—
	1080P	～4 Mbps	—	—
	2K	～10 Mbps	—	—
高清电视、AR/VR、 全息投影设备	4K	～25 Mbps	～50 Mbps	—
	8K	～100 Mbps	～200 Mbps	—
	12K	～500 Mbps	～1 Gbps	NA

监视器　　　　智能手机　　　　高清电视　　　　VR/AR、全息

图 2-2　5G-NR 部署初期的主流终端类型和业务

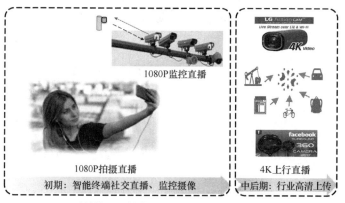

图 2-3　5G 部署初期的上行业务

● mMTC 业务

mMTC 业务是将海量终端通过无线方式连接到网络中，每个终端需要传输

相对较少的数据，而且这种数据对传输时延不敏感。mMTC 终端的成本相对较低，耗电量极低，其配备的电池生命周期极长，甚至可以 10 年不需要更换电池。

- uRLLC 业务

uRLLC 业务具有严格的速率、延迟时间（时延）和可靠性要求，比如，工业制造中的无线控制，生产中的数据处理，远程医疗手术，智能电网的自动配电和故障隔离，物流安全应用等。

还有一些未来的业务，目前虽然还没有出现，但是希望 5G 足够灵活，能够支持未来出现的新业务，而新业务可能会具有更广泛的特征。

图 2-4 中对比分析了不同业务对网络和终端的需求。

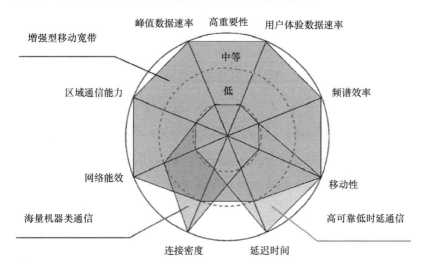

图 2-4　不同业务对网络和终端的需求[2]

2.1　适配多业务的 IMT-2020 能力

IMT-2020 及其后续演进期望能够提供更强的无线能力，图 2-5 给出了 IMT-2020 的能力需求，关键的能力包括以下一些关键的衡量指标：

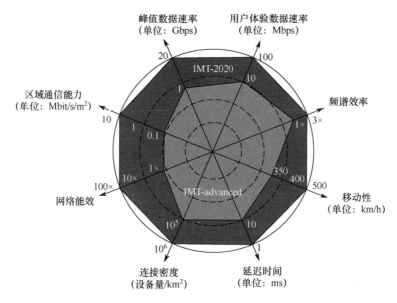

图 2-5　IMT-2020 的能力需求[2]

> 峰值数据速率（Peak data rate）：单个用户在理想条件下最高能够达到的传输速率，5G 要求峰值数据速率在 Gbps 量级上。IMT-2020 期望能够达到 10 Gbps，而在某些场景下能够达到 20 Gbps。

> 用户体验数据速率（User experienced data rate）：也称用户感知速率，是指单个用户在覆盖区域内能够获得的最小速率，通常情况下跟蜂窝小区的覆盖区域大小有关系。对于大覆盖场景，例如城市和郊区覆盖场景，用户体验数据速率能够达到 100 Mbps，而在室内热点覆盖场景下，用户体验数据速率期望能够达到比较高的速率，比如 1 Gbps。

> 延迟时间（Latency）：无线网络能够提供的从数据包产生并发送到接收端正确接收到该数据包的时间，IMT-2020 期望能够支持 1 ms 的空口时延，用于支持低时延业务。

> 移动性（Mobility）：用户设备（User Equipment，UE）在不同的小区之间移动时能够满足定义的服务质量（Quality-of-Service，QoS）和无丢失传输条件的最大移动速度。IMT-2020 期望在可接受的 QoS 下能够支持 500 km/h 的移动速度。

> 连接密度（Connection density）：单位地理面积内的连接态或可连接到网络的用户数目，IMT-2020 期望能够支持每平方千米 100 万个连接的

连接密度。

> 网络能效（Energy efficiency）：能量效率包括网络能效和终端能效两部分，其中，网络能效一般定义为无线网络使用单位能量发送的信息比特数目，而终端能效一般定义为终端中通信模块使用单位能量能够发送的信息比特数目，IMT-2020 期望与现有 IMT 网络的能量效率相当或者更小。
> 频谱效率（Spectrum efficiency）：每个蜂窝小区单位频谱的平均数据吞吐量，IMT-2020 期望能够支持 IMT-advanced 三倍的频谱效率。
> 区域通信能力（Area traffic capacity）：单位面积内总的业务吞吐量，IMT-2020 期望在热点覆盖中能够达到每平方米 10 Mbps。

IMT-2020 期望能够提供与固定网络（如光纤接入网络）相当的用户体验，并通过不断提升峰值数据速率和用户感知速率，增强频谱效率，降低时延以及增强用户移动性来实现用户体验的全面提升。IMT-2020 支持的场景中除人与人以及人与机器的通信外，还要支持各种机器间的通信，并且需要通过控制能量的消耗，实现较低的网络部署成本和运营成本。IMT-2020 和 IMT-advanced 的能力需求如图 2-5 所示，除了上述指标，IMT-2020 还包括一些其他的指标，比如灵活频谱和带宽能力、可靠性能力、自恢复能力、安全能力等。

2.2　上下行解耦的多业务适配能力

IMT-2020 希望支持的业务多种多样，但不同业务对网络和终端的需求有时候却相互制约。例如，高速率需求的多媒体业务需要更大的带宽，而目前定义的具有大带宽的频谱都在较高频率的 TDD 频段[4]，TDD 频谱的上下行切换周期制约了上下行业务数据包的传输时延，从而会对有低时延需求的业务产生约束。另外，较高频率的信号将经历更严重的信道衰落，网络通常需要配置更多的下行时隙来满足多媒体业务的下行速率需求，这又会影响上行业务较多但对时延不敏感的物联网（Internet of Things，IoT）业务的覆盖性能。为了适应和支持不同的业务需求，在实际组网的过程中，运营商可能需要建设多张不同的网络，或者采用多套不同的网络配置，将不同的业务承载在不同配置的网络里，这显然增加了网络的部署成本。除此之外，运营商并没有足够多的频谱用于部署多张网络以承载不同的业务，这又对同一网络承载多种不同需求的业务带来了更大的挑战。不同业务需求指标之间的相互制约和网络部署之间的平衡将在本书后续章节中进行详细的介绍。

典型的上下行解耦就是在一个蜂窝小区中有一个下行载波和两个上行载波[4,5,6,7,8]，并且下行载波和其中一个上行载波频点相同且部署在频率相对较高但带宽相对较大的 TDD 频段（比如在 C-band）上。如在 C-band 的 TDD 载波上配置较多的下行资源，并且小区中另一上行载波部署在频点较低的全上行频段上，这样在一个小区中将同时存在一个大带宽的下行载波和一个覆盖优异的上行载波，并且该上行载波可以进行连续的上行传输。此时，网络可以将下载速率需求较高的多媒体业务和对时延敏感的 IoT 下行业务都承载在 TDD 载波上，这样既能保证下行的低时延，又能通过大带宽和低码率等技术保证其可靠性。而对于时延敏感的 IoT 上行业务和反馈，以及对于时延不敏感的 IoT 上行业务，网络都可以将其承载在全上行载波上，同时保证上行的低时延和覆盖性能。可以看出，上下行解耦技术能够在同一个网络部署中适配多种业务的需求，实现了不同需求的业务在同一蜂窝小区中的融合，因此上下行解耦是 5G-NR 的一个重要特性。

参 考 文 献

[1] IMT-2020 (5G) PG. 5G vision and requirement white paper[R/OL]. 2014-05. http://www.imt-2020.cn/zh/documents/download/1.

[2] ITU. IMT Vision–Framework and overall objectives of the future development of IMT for 2020 and beyond: Recommendation ITU-R M. 2083[R]. 2015-09.

[3] J. G. Andrews et al.. What Will 5G Be?[J]. IEEE Journal on Selected Areas in

Communications, vol. 32, no. 6, 2014-06:1065-1082.

[4]　3GPP. New Radio (NR), User Equipment (UE) radio transmission and reception Part 1: Range 1 Standalone: Technical Specification 38.101[S/OL]. 2018-09-27. http://www.3gpp. org/ftp/Specs/archive/38_series/38.101/.

[5]　3GPP. New Radio (NR), Physicalchannels and modulation: Technical Specification 38.211 [S/OL]. 2018-09-27. http://www.3gpp.org/ftp/Specs/archive/38_series/38.211/.

[6]　3GPP. New Radio (NR), Multiplexing and channel coding: Technical Specification 38.212[S/OL]. 2018-09-27. http://www.3gpp.org/ftp/Specs/archive/38_series/38.212/.

[7]　3GPP. New Radio (NR), Physical layer procedures for control: Technical Specification 38.213[S/OL]. 2018-09-27. http://www.3gpp.org/ftp/Specs/archive/38_series/38.213/.

[8]　3GPP. New Radio (NR), Physical layer procedures for data: Technical Specification 38.214 [S/OL]. 2018-09-27. http://www.3gpp.org/ftp/Specs/archive/38_series/38.214/.

第3章　5G 频谱和双工模式

全球各个国家的频谱监管机构都在努力制定出本地区的 5G-NR 首用频段，这些频段包括：C-band（3.3～5 GHz），24～40 GHz 的微波频段等。表 3-1 中给出了部分国家和地区的 5G-NR 业务和场景、部署频段以及组网模式等信息。

表 3-1　部分国家和地区 5G-NR 部署说明

国家或地区	业务和场景	部署频段	组网模式
韩国	eMBB	C-Band、28 GHz	非独立组网
美国	固定无线接入	28 GHz 和 39 GHz	独立组网
欧洲	eMBB、IoT	3.4～3.8 GHz	非独立组网
日本	eMBB	C-Band、28 GHz	非独立组网
中国	eMBB、IoT	C-Band、2 GHz 以下与 LTE 共享	独立组网/非独立组网

5G-NR 部署的主要频段为 3GHz 以上的 TDD 频段，这些高频段有着丰富的带宽，同时对大规模 MIMO 部署和上下行非对称资源分配也非常有利，有助于提升下行覆盖和频谱效率。因为，TDD 中的上下行信道具有天然的互异性，网络能够利用 UE 上行发送的参考信号获取下行的信道状态，从而能够选择与信道更加匹配的预编码，提升下行的频谱利用率。但是相对较高的频率也有明显的缺点，高频率的信号传播路径损耗较低频率更大，其覆盖能力不足的问题亟待解决。

随着 5G-NR 商用部署步伐的向前迈进，目前已经部署了 LTE 系统的 3GHz 以下的频段在未来也将陆续地分配给 5G-NR 使用，但是 5G 替换 4G 将经历一个相当长的时间，不仅依赖于 5G-NR 在较低频段上的性能优势和 LTE 终端/业务向 5G-NR 的不断迁移，还依赖于移动业务数据流量的增加等因素。

3GPP 在 5G 新频谱和 LTE 翻新（Refarming）频谱标准化中都做了相应的准备工作，在频谱定义方面，既定义了 LTE 未定义的新频谱，如高频，也定义了部分 LTE 定义过的频谱，如低频的 FDD 频谱、TDD 频谱以及增补下行（SupplementaryDownlink，SDL）频谱，特别值得指出的是还定义了 LTE 没有定义过的 SUL 频谱，用于上下行解耦技术。

3.1　ITU-R 标注的 IMT 系统频谱

3.1.1　C-band

全球 5G-NR 频谱的一致化分配对于 5G 时代的移动宽带产生了至关重要的影响。一致化的频谱分配能够成就低成本、快速、成熟的 5G 全球产业链，更好地支持 5G 终端用户的全球漫游，促进 5G 产业的成熟。考虑到全球漫游是 5G 部署初期的一个重要因素，那么频谱的分配就需要通过尽量简单的方式满足以下目标：

- ➢ 在全球范围内，所分配的频谱应以第一优先级分配给移动业务使用；
- ➢ 在全球范围内，所分配的频谱基本一致，比如一致的频段划分和一致的双工方式；
- ➢ 在全球范围内，所分配的频谱应保持一致的法规框架，比如为该频谱与相近频谱共存或者共享而定义的辐射指标应当一致；
- ➢ 在全球范围内，在所分配的频谱上允许使用的技术标准应当保持一致。

在全球范围内，将 C-band（3300～4200 MHz 和 4400～5000 MHz）频谱分配给 IMT 技术使用的国家和地区越来越多，几乎所有国家都把 3300～4200 MHz 的频段以第一优先级分配给移动互联业务使用。而 5G-NR 从第一个版本就支持 C-band 的部署，3300～3800 MHz 频段将会是 5G-NR 潜在的全球化部署频谱。全球 3.3～4.2 GHz 和 4.4～5.0 GHz 频段的分配和规划如图 3-1 所示，此图为全球范围内部分国家和地区的 C-band 分配示意图。

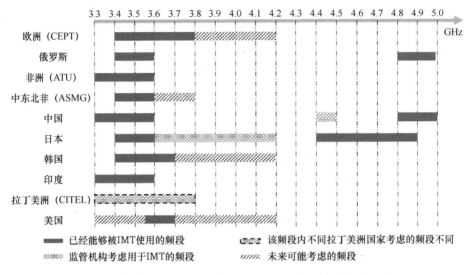

图 3-1　全球 3.3～4.2 GHz 和 4.4～5.0 GHz 频段的分配和规划

为了更好地支持 5G-NR 的全球部署，5G-NR 标准为 C-band 定义了统一的频谱范围，这对移动业务运营商在 C-band 上规划相同的频谱边界以及 C-band 频谱的全球化都至关重要。本书的上下行解耦技术的主要应用场景之一也是低频和 C-band 频谱的组合。可以看出，兼具大带宽和全球趋同分配的 C-band 是构建 5G eMBB 的黄金频段。

3.1.2　mmWave

2015 年世界无线电通信大会（World Radiocommunication Conference 2015，WRC-15）为 IMT 未来在更高频段的发展铺平了道路，会上确定了 24.25～86 GHz 频率范围内可能用于 IMT 系统部署的部分频率以供后续研究，并将在 WRC-19 上进行讨论。WRC-19 议程 1.13 中的候选频率范围如图 3-2 所示。ITU-R 建议所有国家和地区在 WRC-19 期间优先考虑将 24.25～27.5 GHz

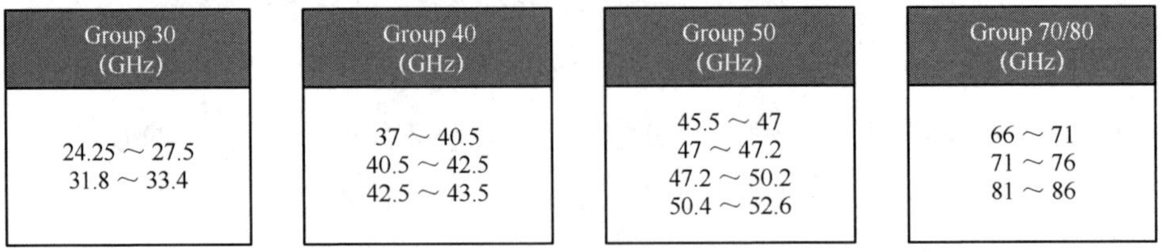

Group 30 (GHz)	Group 40 (GHz)	Group 50 (GHz)	Group 70/80 (GHz)
24.25～27.5 31.8～33.4	37～40.5 40.5～42.5 42.5～43.5	45.5～47 47～47.2 47.2～50.2 50.4～52.6	66～71 71～76 81～86

图 3-2　WRC-19 议程 1.13 中的候选频率范围

和 37～43.5 GHz 频段确定为 IMT 部署频段。另外，美国、韩国和日本还考虑将 27.5～29.5 GHz 频段用于部署 IMT 系统。

24.25～29.5 GHz 和 37～43.5 GHz 的频率范围是 5G 毫米波系统早期部署最有希望的频率，几个主要市场正在考虑将这两个范围中的部分频率用于早期部署，这两个频率范围也在 3GPP Release 15 的标准化中被确定为 TDD 频谱。因此建议这些频率范围内至少 400 MHz 的连续频谱能够分配用于 5G 的早期部署。微波在 5G 初期的部署情况如图 3-3 所示。

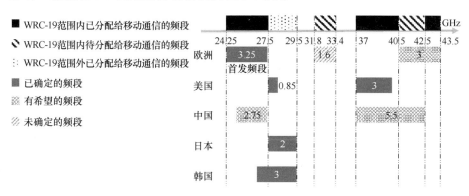

图 3-3　微波频率在 5G 初期的分配情况

3.1.3　Sub 3 GHz

S 波段（2496～2690 MHz）是另一个可能早期部署 5G 商用网络的频段。目前，中国和美国在该频段内的部分频率上部署了 LTE TDD 网络，而欧洲则在该频段的边缘部署了 LTE FDD 网络，这些区域很可能在该频段内部署 TDD 模式的 5G-NR 网络，从而使产业链最大化地共享。

L 波段（1427～1518 MHz）也是一个有可能在世界上大多数国家中分配给 5G 网络的频段。欧洲邮电管理委员会（Confederation of European Posts and Telecommunications，CEPT）的所辖区域已经在该频率范围内采用了 SDL 频谱方案。未来，该 SDL 频段可以与 SUL 频段配对，用于部署独立组网的 5G-NR，其通信机制可遵循传统的 FDD 模式。

在多数国家中，700 MHz 附近的频段已被确定为移动通信的频段，欧洲也计划将此频段用于 5G。另外，从长远来看，470～694/698 MHz 频段也可用

于移动通信，目前美国已经开始将该频段从广播服务转到移动业务服务。5G
初期部署中的 3 GHz 以下的频段如图 3-4 所示。

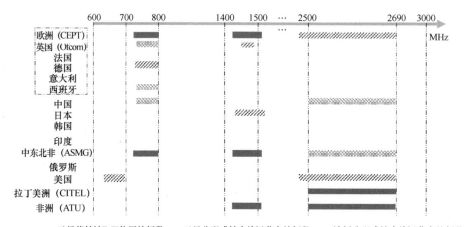

图 3-4　5G 初期部署中的 3 GHz 以下的频段

3.2　频谱类型与双工方式

双工方式是影响网络运营的另一个关键因素，适用于不同的频谱类型。
目前有两种典型的可用于 IMT 系统的频谱类型，即成对频谱（Paired Spectrum）
和非成对频谱（Unpaired Spectrum）。FDD 和 TDD 是分别用于成对频谱和非
成对频谱的两种主要的双工模式。

- **成对频谱上的 FDD**

FDD 在 2G/3G/4G 电信系统中更为成熟，其频谱主要位于 3 GHz 以下的
低频范围内。低频范围内的频率资源非常有限，因此 FDD 频谱的带宽通常较
小，无法满足 5G-NR 大带宽的需求。此外，为了方便通信产业链的共享以及
FDD 频段的射频（Radio Frequency，RF）滤波器设计，3 GPP 为每个 FDD 频
段定义了 DL 和 UL 频率之间的固定双工距离，这也是扩展 FDD 带宽的一个
障碍。

- 非成对频谱上的 TDD

随着电信业务负载的增加，TDD 因其适用于中高频率范围内的大宽带非成对频谱而受到广泛关注。LTE TDD 已经成功地在 2.6 GHz（Band 41）和 3.5 GHz（Band 42）频谱上大规模部署，并为 eMBB 业务提供了高质量服务。此外，TDD 系统因其上下行信道的互易性，可以通过高效的信道测量设计获得更准确的信道状态信息，同时避免了大量的信道状态信息的反馈，因此可以很好地应用优化的多天线系统，从而带来显著的下行吞吐量增益，尤其适用于多用户 MIMO 系统。而且对于具有非常大的 DL 传输带宽的频谱，多天线系统所需的信道状态信息的反馈开销也是相当可观的，因此具有 UL 探测的 TDD 系统是 C 波段和毫米波波段中多天线技术的必要条件。同时由于 C 波段和毫米波波段的带宽较大，也很难找到成对的频谱，这些是 C 波段和毫米波当前 5G 新频谱选择 TDD 模式的主要原因。

- 非成对频谱的 SDL

LTE 还定义了 SDL 频带类型，其也适合于非成对频谱。然而，SDL 频带（或频段）类型只能与具有 UL 传输资源的普通 FDD 或 TDD 频带利用载波聚合（Carrier Aggregation，CA）的方式共同协作。在正常接入、调度和混合自动重传请求（Hybrid Automatic Repeat reQuest，HARQ）过程之后，SDL 载波通过信令配置被聚合到普通 FDD 或 TDD 主载波，因此它只能配置给连接态的 UE，用于提供额外的下行业务。在这种载波聚合的情况下，它可以被看作一个普通的 FDD DL 载波。

除了以上传统的频带类型，5G-NR 还引入了一种新的频带类型，即 SUL 频带类型。

- 成对频谱上的 SUL

SUL 频带与正常的 5G TDD、SDL 或 FDD 频带组合，以提供上行控制和反馈传输以及上行数据传输。5G-NR 中引入 SUL 频带类型最初是为了补偿 C 波段和毫米波波段中 5G TDD 频谱的 UL 覆盖不足，其中 SUL 频带通常与现有的 LTE FDD 频带的 UL 频谱区域重叠，这为运营商在 LTE 网络中重用其空闲的

UL 频率资源提供了可能性，并以此来提升其小区边缘 5G-NR 的上行覆盖。

- 灵活双工：FDD 和 TDD 的融合

随着时间的推移，越来越多的运营商拥有多个频谱，并且很可能包含 FDD 和 TDD 频段。因此，将会有越来越多的在 FDD 和 TDD 频带中部署的 LTE 和 5G-NR 网络，这将更加有利于为用户提供 eMBB 和 IoT 服务。可以预见，TDD 和 FDD 的融合将成为移动通信系统的演进趋势。

3.2.1 FDD 与 TDD 联合组网

3GPP 标准化了多种 FDD 和 TDD 联合组网的机制，下面对这些机制分别进行介绍。

- FDD 和 TDD 同一个网络部署

一个公共蜂窝网络包含 FDD 频带和 TDD 频带两个系统作为接入层，两个系统由公共的核心网控制其接入认证、接入控制和移动性管理等。用户选择哪个无线接入层取决于两个接入层的覆盖范围和可用无线电资源。FDD 和 TDD 层之间的切换通常由 UE 对 FDD 小区和 TDD 小区下行参考信号的接收功率（Reference Signal Received Power，RSRP）测量来触发。在这种联合 FDD/TDD 多系统覆盖中，FDD 或 TDD 无线接入层提供独立的调度和传输过程。

- FDD 与 TDD 载波聚合

自 3GPP 制定 Release 12 标准以来，LTE-Advanced 系统引入了 FDD/TDD 载波聚合（Carrier Aggregation，CA）机制，其能够针对同一个 UE 在 FDD 和 TDD 载波中进行并行数据传输，这需要 FDD/TDD 的共站点部署，或者在 FDD 和 TDD 基站之间需要有能够低时延大容量回传的链路。FDD 载波或 TDD 载波都可以提供基本移动功能的锚载波，例如，实现小区切换和重选，同时它可以激活和去激活一个或多个 DL 和 UL 的辅载波用于并行数据传输。在 LTE-Advanced 系统中，每个主载波（Primary Component Carrier，PCC）都具有其自己的调度控制信令和 HARQ 过程，而辅载波（Secondary Component Carrier，SCC）的 HARQ 上行反馈仅可以在 PCC 的 UL 载波上发送。下行通过 PCC 下行（Downlink，DL）控制信令进行 SCC 调度。然而，3GPP Release 15 仅制定了具有相同子载波间隔的载波之间进行跨载波调度的机制，而毫米波频带、C 波段和低频 FDD 频段中的 5G-NR 载波通常配置不同的子载波间隔。

- FDD 与 TDD 双连接

FDD 与 TDD 双连接（Dual Connectivity，DC）提供了通过 FDD 和 TDD 并行传输多个流到一个 UE 的能力。高层的并行传输使其更适用于那些基站间没有或几乎为零延迟回程链路的网络部署场景，比如服务于单个 UE 的站点间的 FDD 与 TDD 数据流聚合。

3.2.2　TDD 的网络同步

网络同步是 TDD 蜂窝系统的基本要求。它需要多个小区 TDD 帧结构的同步，包括 DL 和 UL 切换点同步，以及 DL/UL 一致的配置。

3.2.2.1　同频小区间同步

非同步 TDD 网络中的干扰如图 3-5 所示，图中描述了小区之间的干扰，其中：图(a)是给定的网络拓扑；图(b)的场景是两个相邻小区的帧同步，配置的 TDD DL/UL 是不同的；图(c)的场景是两个相邻小区配置的 TDD DL/UL 是相同的，但是其切换点不在同一个时间位置，即两个小区不同步。可以看出，对于小区 1 调度 DL 传输而小区 2 同时调度 UL 传输的时段，来自小区 1 基站的高发射功率在小区 2 的基站接收天线处为强干扰，因此在该时间段将造成小区 2 的接收机阻塞而不能有效地接收上行有用信号。

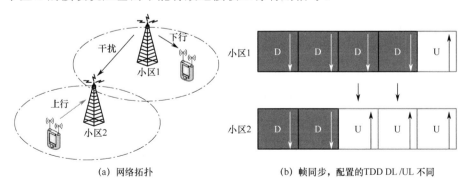

<table>
<tr><td>(a) 网络拓扑</td><td>(b) 帧同步，配置的 TDD DL/UL 不同</td></tr>
</table>

图 3-5　非同步 TDD 网络中的干扰

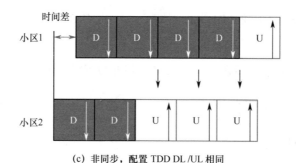

(c) 非同步，配置 TDD DL/UL 相同

图 3-5　非同步 TDD 网络中的干扰（续）

为了避免这种小区间基站到基站的干扰，建议运营商部署帧同步的 TDD 网络。通常 DL 和 UL 传输之间的时间保护间隔的选择需要考虑对应的基站到基站的干扰保护距离。

3.2.2.2　同频段内的载波间同步

针对同一个运营商在同一个频段内部署了两个或多个载波的场景，网络同步也是必需的。非同步 TDD 网络中的干扰如图 3-6 所示，图中给出了两个相邻载波频率和两个有一定的频率间隔的载波频率两种情况下基站间的干扰情况。由于此类载波间干扰是来自同一个网络中的同一基站设备，这将导致在该频段内不同载波的信号到达接收端时都落在射频滤波器的通带范围内，从而会阻塞基站的接收。

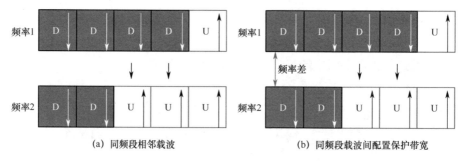

(a) 同频段相邻载波　　　　　　　　(b) 同频段载波间配置保护带宽

图 3-6　非同步 TDD 网络中的干扰

3.2.2.3　基于区域监管的同频段异运营商间的同步

在不同运营商在同一频段内的不同频率上部署了 TDD 系统的场景中，对于某一运营商 TDD 网络中的上行时间段，若这部分上行时间段（OFDM 符号/时隙/子帧）与另一运营商的 TDD 网络中的下行时间段在时间上重叠，如第

3.2.2.2 节所述的该运营商在该上行时间段内将受到来自另一运营商的异频基站的下行信号的干扰。针对该干扰问题，曾经有提案建议在属于同一频段的两个频率相邻的 TDD 网络之间预留一定的频率保护带，但是对于部署宏站的蜂窝网络，不同运营商之间在保证足够的地理隔离度的前提下，还需要预留足够大的保护带宽才能在避免基站接收侧阻塞问题的同时保证被干扰网络的基本接收性能，并且不同的运营商将需要不同的发送频段滤波器，从而造成设备成本的上升。中华人民共和国工业和信息化部（Ministry of Industry and Information Technology of the Peoples's Republic China，MIIT，简称工业和信息化部）和欧洲电子通信委员会（Electronic Communications Committee，ECC）的报告都指出，对于两个部署在 2.6 GHz 频段且带宽为 20 MHz 的 LTE TDD 网络，二者各自需要 5～10 MHz 的保护带宽；而对于部署在 3.5 GHz 频段内且带宽为 100 MHz 的 5G-NR TDD 网络，每个网络各自需要至少 25 MHz 的保护带宽，以及针对各自部署频段的频段滤波器。

同频段运营商间的 TDD 模式包括同步与异步模式，如图 3-7 所示，很显然，如此之大的保护带宽将导致宝贵的频谱资源的巨大浪费，这对于任何区域法规及运营商都是难以接受的；而同步的 TDD 网络将只需要针对该 TDD 频段的发送滤波器进行标准化，多个运营商部署于该频段的设备使用的频段滤波器相同，因此设备成本将大大降低。

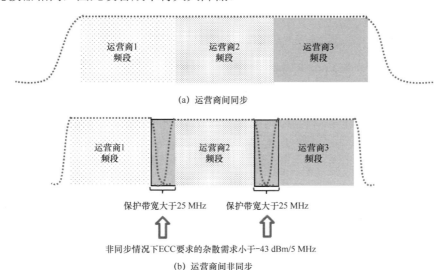

图 3-7　同频段运营商间的 TDD 模式：同步与异步

为了实现同一频段内不同运营商的 TDD 网络之间的同步，区域监管组织通常会根据多个运营商网络中上下行业务的负载的统计情况规定统一的 TDD 帧结构，并且部分国家已经对在相同频段内部署 TDD 网络的运营商提出了同步的要求。

● 中国

中国是全球范围首个在 2.6 GHz 附近频段上部署 TDD 网络的国家，并且中国的运营商为实现网络同步也做了许多努力。在工业和信息化部的指导下，各个运营商在 2.6 GHz 附近的频段内实现了网络的同步部署，具体采用的是 LTE TDD 配置 2，即 4：1 的下行时隙与上行时隙相配比。目前，工业和信息化部正在积极地组织运营商以及相关公司对 3.5 GHz 附近频段的 5G 网络部署商讨统一的帧结构配置，以达到网络同步的目的。

● 日本

在 2014 年 1 月 23 日，日本总务部组织日本国内的潜在运营商针对 3.4～3.6 GHz 频段的使用进行了公开听证。所有运营商都对 TDD 网络提出了自己的明确立场，并且主张运营商间需要对 TDD 网络同步和统一帧结构达成共识，以避免在载波间预留保护带宽导致频谱资源的浪费。考虑到目前网络中的下行业务远远多于上行业务，所有运营商一致认为需要采用下行资源占优的帧结构配置。日本总务部在 2014 年 9 月发布了关于 4G 网络部署的指导建议，其中包括了将 3480～3600 MHz 频段分配给 3 家运营商（每家 40MHz）用于部署 TDD 网络，并且被许可部署 TDD 网络的运营商有义务在网络部署之前在 TDD 网络同步方面达成一致。此外，在该指导建议中也确定了将 LTE TDD 配置 2 作为统一的帧结构。在 2018 年 4 月 6 日，日本总务部将 3.5 GHz 附近的频段内剩余的频率分配给了 2 家运营商，并且要求其必须与 3.5 GHz 附近的频段内现有的 TDD 网络进行同步。

● 英国

在 2017 年 7 月 11 日，英国通信办公室（Office of Communications，Ofcom）通过了 2.3 GHz 和 3.4 GHz 附近频段的拍卖条款[1]，并且更新了信息备忘录[2]。该

更新的信息备忘录分别规定了 2.3 GHz 和 3.4 GHz 附近频段的授权条件。这些授权条件都基于 TDD 模式。对于拥有被授权频谱的运营商，为了确保网络间的同步以避免相互间的干扰，需要采用图 3-8(a)所示的帧结构配置，时隙长度必须为 1 ms。该帧结构与 LTE TDD 帧结构配置 2（下行与上行配比为 4∶1）互相兼容，关于推荐帧结构的其他介绍可参见信息备忘录的第 12 段。2018 年年初，Ofcom 将 3.4 GHz 附近频段的频率进行了拍卖，并且根据拍卖结果对该段频率的使用进行了规划[3]。

(a) LTE TDD帧结构配置2.5ms上下行切换周期

(b) 5G-NR 采用2.5ms上下行切换周期的帧结构

图 3-8　下行与上行配比为 4∶1 的 TDD 帧结构

如上所述，几乎所有的商用 LTE TDD 网络都采用的是 TDD 帧结构配置 2，即 5 ms 的周期、"DSUDD"上下行资源分配图样以及 4∶1 的下行与上行资源配比，具体如图 3-8(a)所示。对于仅部署 5G-NR 网络的 TDD 频段，同样可以采用 4∶1 的下行与上行资源配比，但是考虑到更大的子载波间隔和更短的时隙长度能够支持更大的带宽和更低的下行时延，所采用的帧结构的周期可以是 2.5 ms 且采用"DDDSU"的图样，如图 3-8(b)所示。考虑到 3GPP 在 5G-NR 中定义了极其灵活的帧结构配置，因此，地域性监管机构可以综合考虑网络负载统计情况和部署复杂度以采用其他合适的 TDD 帧结构。

3.2.2.4　同频段 LTE 与 5G-NR 同步

针对 LTE 中定义的 2.6 GHz 附近的频段 41 和 3.5 GHz 附近的频段 42，包括中国和日本在内的一些国家计划在这些频段上同时部署 LTE TDD 和 5G-NR 网络。与同频段不同运营商网络部署情况相同，监管机构要求其采用相同的上下行切换周期和相同的切换点时间位置。LTE 和 5G-NR 通常会采用不同的子载波间隔，如 LTE 采用 15 kHz 子载波间隔而 5G-NR 采用 30 kHz 的子载波间隔，这就需要 5G-NR 兼容 LTE 的上下行资源分配。对于 LTE TDD 网络，帧结构配置 2 是使用最广泛的帧结构，即 4∶1 的下行与上行配比以及 5 ms 的上下行切换周期。从而，5G-NR 同样需要采用 5 ms 切换周期且在 30 kHz 子载波间隔配置时采用"DDDDDDDSUU"的图样以及 8∶2 的下行与上行时隙配比，以实现与 LTE 的上下行同步。此外，5G-NR 中的时隙格式配置极其灵活，能够匹配 LTE 中所有的特殊子帧配置[4]，唯一需要调整的是无线帧的起始时间。LTE 与 5G-NR 同频段同步：帧结构配置，如图 3-9 所示。

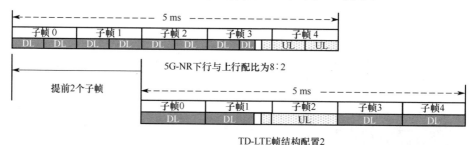

图 3-9　LTE 与 5G-NR 同频段同步：帧结构配置

需要说明的是，网络同步并不是只能应用在 TDD 网络。FDD 网络中同样能够使用网络同步，这有助于使能小区间干扰删除技术从而进一步获得网络性能提升，其与 TDD 网络同步的区别仅在于同步精度的要求。全球移动通信系统（Global System for Mobile Communications，GSM）、通用移动通信系统（Universal Mobile Telecommunications System，UMTS）、宽带码分多址接入（Wideband Code Division Multiple Access，WCDMA）和 LTE FDD 对于空口的频率同步精度的需求是 50 ppb（1 ppb=10^{-9}）。码分多址 2000（Code Division Multiple Access2000，CDMA2000）、时分同步码分多址（Time Division Synchronous Code Division Multiple Access，TD-SCDMA）和 LTE TDD 系统与上述 2G 或 3G 系统相比，对频率同步的需求相同，但是对时间同步的精度有更高的需求。对于 FDD 网络，维持足够精度的频率同步即可保证网络的正常运转，而对于 TDD 系统，在满足频率同步的基础上，必须让所有站点都同步到统一的协调世界时（Coordinated Universal Time，UTC），以保证所有站点都能实现精确的时间同步，否则无法确保网络正常运转。LTE TDD 系统中定义了两种同步精度，包括 1.5 μs 和 5 μs，这二者分别对应于小区半径小于或等于

3 km 和大于 3 km 两种情况。不同无线接入技术的基站频率和定时同步需求见表 3-2，表中给出了不同网络模式中的同步需求。

表 3-2　不同无线接入技术的基站频率和定时同步需求

无线接入技术	同步需求	
	频率精度	定时精度
GSM、UMTS、WCDMA、LTE-FDD	50 ppb	N/A
CDMA2000	50 ppb	$\pm 3\ \mu s \sim \pm 10\ \mu s$
TD-SCDMA	50 ppb	$\pm 3\ \mu s$
LTE-TDD	50 ppb	$\pm 1.5\ \mu s$ （小区半径 $\leqslant$ 3 km）
	50 ppb	$\pm 5\ \mu s$ （小区半径 > 3 km）
5G-NR	50 ppb	$\pm 1.5\ \mu s$

从 3G 的 TD-SCDMA 系统开始，实现 TDD 网络同步的技术已趋于成熟，并且已经广泛应用在 LTE TDD 网络中。目前，主要的技术手段包括以下两种：

➤ 技术方案 1：基于全球导航卫星系统（Global Navigation Satellite System，GNSS）的分布式同步方案。GNSS 信号接收器直接集成在终端和基站内部，基站直接获取卫星定时信号［如全球定位系统（Global Positioning System，GPS），北斗等系统］，从而实现不同基站间的定时同步，保证不同基站间的最大定时误差不超过 3 μs。大部分的宏基站都部署在开放的区域，从而能够比较容易地安装 GPS 天线并且接收到良好的卫星信号。但是，对于部署在室内或者周边高楼环绕的室外区域的基站，则难以接收到 GPS 信号。

➤ 技术方案 2：基于电气和电子工程师协会（Institute of Electrical and Electronics Engineers，IEEE）的 1588v2 系统的集中式同步方案。IEEE 1588v2 是一种精确定时传输协议，能够像目前的 GPS 系统一样达到亚微秒级的定时同步。主定时源的时钟同步信息采用 1588v2 协议在网络中进行传输。基站能够从网络中的 1588v2 接口中获取定时信息以实现纳秒级的同步精度。

上述两种同步方案都已经广泛地应用在商用 LTE 网络中，运营商可以按照各自的需求来选择实现网络同步的解决方案。

3.2.3 动态 TDD 与灵活双工

对于传统的 TDD 网络，运营商会根据该国家或地区统计的上下行业务负载比例情况，对 TDD 系统的上下行时隙比例和资源分配图样进行静态配置。在实际的电信网络中，下行业务占据了整个电信业务的很大一部分，并且随着高清、超高清视频市场的成熟（具体见表 3-3），预计下行业务所占的比例将在未来进一步增长。因此，实际网络部署中应该为下行分配更多的资源，而为上行预留较小比例的资源，然而这将影响上行覆盖性能。

表 3-3　不同 eMBB 业务在下行业务中所占比例

业 务 类 型	下行占比（%）	业 务 类 型	下行占比（%）
网页浏览/电子邮件	80 / 90	文件共享	80
视频业务	98	交互业务	72
IP 语音	50	其他业务	60

电信行业一直在竭尽全力地提高频谱利用率[6]。如果网络中严重的上下行干扰可以有效地得到解决，那么网络将能够在不同区域位置，实时地根据实际上下行业务量的比例动态地配置上下行无线资源所占用的比例，因此整个网络的频谱利用率将可以得到大幅提升。下文分析介绍了从动态 TDD 和灵活双工到全双工的技术路线，在双工的演进路线图中可以有两个步骤。一些学术论文提出将全双工作为双工演进的终极目标[6, 7, 8]，但是由于存在许多实现的挑战，全双工技术还不够成熟。

3.2.3.1 动态 TDD

LTE-Advanced 系统从 3GPP Release 12 标准引入了动态配置 TDD DL/UL 配比的功能，并将其称为增强干扰业务适配技术（Enhanced Interference Management and Traffic Adaptation，eIMTA）[9]。根据理论分析和仿真结果[10]，eIMTA 可以应用于一些上下行流量统计数据非常特殊的孤立区域，如足球比赛场等室内热点场景。eIMTA 有一个缺点，即当存在蜂窝小区基站间干扰时，DL 信号与 UL 信号之间新引入的干扰将降低信号与干扰加噪声比（Signal-to-Interference plus Noise Ratio，SINR，也称为"信干噪比"），从而造成系统通信质量的下降。商用的 LTE TDD 网络可用于广域覆盖的宏小区，而 eIMTA 由于存在严重的同频和邻频基站间上下行干扰，因此并没有在实际网络中部署。

3.2.3.2 灵活双工

● **灵活的上下行比例配置**

5G 标准化充分考虑了 FDD/TDD 在未来融合的趋势，因此制定了一个非常灵活的物理层资源分配设计和对称的上下行空口。5G-NR 在继承了 LTE eIMTA 动态 TDD 特性的基础上，进一步扩展且制定了静态配置的小区级别的上下行时隙配置和上下行切换周期，同时考虑到了半静态和动态配置的用户专用的上下行时隙配置。5G-NR 在 3GPP Release 15 中的上下行时隙配置如图 3-10 所示，3GPP Release 15 标准化了多达 56 种时隙配置，每种配置中的 OFDM 符号被标识为"上行、下行"和"未知"三种，未知方向的符号可以根据用户需求灵活配置。在这 56 种时隙配置中，可以大致分为四类：全上行符号时隙、全下行符号时隙、下行符号占优时隙和上行符号占优时隙[11]。在一个 5G-NR 无线帧中，每个时隙都可以从 56 种时隙配置中选择其自身特定的上下行配置。因此理论上，在保持基本的小区级 TDD 同步的基础上，从用户侧来看，5G-NR 可以支持很多种上下行时隙配置的帧结构。

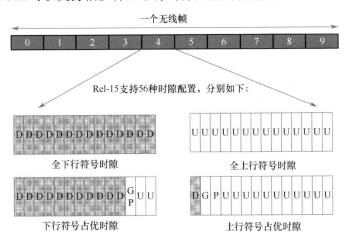

图 3-10 5G-NR 在 3GPP Release 15 中的上下行时隙配置

● **灵活双工的其他应用场景**

在理论上，这种灵活的时隙配置也可以在成对频谱上使用。由于上下行业务越来越失衡，而 FDD 频段上下行带宽是固定且对称的，因此很多上行的无线资源没有得到充分高效的利用，而下行无线资源却被完全使用，且供不应求。FDD 上行载波的灵活双工如图 3-11(a)所示，是一种潜在的使用空闲频谱的解决方案。灵活的双工模式也可以应用到一些新的 FDD 下行频谱和 SDL 频谱。FDD 下行频谱或 SDL 频谱的灵活双工如图 3-11(b)所示，可以在下行载波频率上引入上行探测参考信号（Sounding Reference Signal，SRS），这样可以充分地使能基于信道互易性的多天线传输机制[12]。在 FDD 下行和上行频谱或 SDL 频谱中，其应用灵活双工的主要限制仍然是国家区域的频谱法规和基站间上下行的干扰。

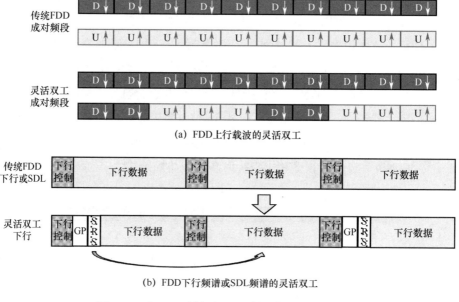

(a) FDD 上行载波的灵活双工

(b) FDD 下行频谱或 SDL 频谱的灵活双工

图 3-11　在 FDD 频段和 SDL 频段的灵活双工用例

　　无线回程和 D2D 的灵活双工用例如图 3-12 所示，灵活双工也适用于无线回程链路和终端到终端（Device-to-Device，D2D）通信等[13, 14]。实际上，考虑到高密集网络回传网络的部署成本和部署难度，运营商广泛部署高速和低延迟回程（如光纤）的成本非常高。传统的无线回程或中继需要额外的频谱以避免来自接入链路的干扰，这是非常低效的。利用灵活双工，可以将相同的资源灵活地分配给回程链路和接入链路，以及使用多用户 MIMO（Multi-User MIMO，MU-MIMO）类技术来减轻链路间干扰，类似的机制也适用于带内 D2D 通信系统。

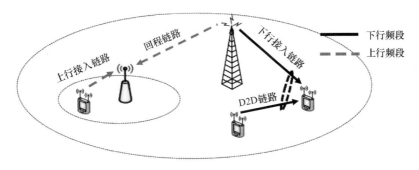

图 3-12 无线回程和 D2D 的灵活双工用例

● 灵活的双工干扰缓解机制

对于具有灵活双工配置的蜂窝网络，主要问题仍然是小区间的下行对上行的干扰。为了在先进接收机可接受的实现复杂度情况下实现良好的小区间干扰消除效果，5G-NR 被设计为具有对称的 DL/UL 传输格式、对称的 DL/UL 多址方式以及对称的用于信道估计和解调的 DL/UL 参考信号。

● 波形

在 LTE 中，采用离散傅里叶变换扩频的 OFDM 波形（DFT-Spread OFDM，DFT-S-OFDM）作为上行的波形方案，这是因为其具有较低的峰均功率比（Peak-to-Average Power Ratio，PAPR）以获得更好的覆盖和 UE 功率效率，而循环前缀的 OFDM（Cyclic Prefix OFDM，CP-OFDM）波形被用于下行，可以进行更有效的宽带频域内的频率选择性调度。具有 7.5 kHz 相对偏移的 LTE 上下行子载波映射如图 3-13 所示，子载波映射方式对于下行和上行信号是不

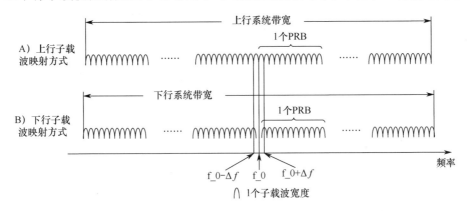

图 3-13 具有 7.5 kHz 相对偏移的 LTE 上下行子载波映射

同的，导致两种信号之间有半个子载波的频率偏移。这种设计在传统 LTE 系统中可以很好地工作，但是不能支持 5G 中的新应用。因此 5G-NR 针对上下行波形方式提出了对称设计，下行和上行信号都可以采用 CP-OFDM 方案；并且子载波映射方式也应该彼此对齐，以避免下行和上行信号之间的子载波偏差而造成的子载波间干扰。基于这种对称性，可以将当前用于接收两个下行或上行信号的接收过程用于同时接收下行和上行信号。

- 参考信号方面

在 LTE 中，参考信号针对下行和上行设计的模式也是不同的。为了很好地支持上下行信号的同时接收，优选的方案避免数据和解调参考信号（DeModulation Reference Signal，DMRS）之间的干扰并确保上下行的 DMRS 彼此正交，使得接收机可以估计准确上下行衰落信道，以确保后续解码。在 5G-NR 中，上下行对称空口使得参考信号之间或者参考信号与不同传输方向上的数据传输之间的正交成为可能。通过这种设计，从虚拟 MIMO 先进接收机来看，不同传输方向的干扰信号可以看作实际调度的多用户 MIMO 中的正交信号，虚拟 MIMO 先进接收机已经在 LTE 网络中得到了很好的实现，这可以作为 5G 灵活双工先进接收机的基础。

3.3 5G-NR 频段和频段组合

3GPP 在 5G 中定义的频谱主要分为频段（Band）和频段组合（Band Combination），前者主要为单频段定义，后者主要为多个频段的频谱聚合技术定义，例如，CA、DC、上下行解耦，以及这些技术的组合。

由于 5G 新频段的中频和高频的大路径损耗和穿透损耗，C 波段（n77，n78，n79）和毫米波波段（n257，n258，n260，n261）的覆盖范围非常有限，蜂窝小区边缘用户体验吞吐量受到较大影响。因此，典型的网络通常将新的频谱的中频或高频 5G 频带与低频频带组合，其中低频频带用作锚载波以提供连续覆盖和无缝移动切换。不同的运营商可以根据其拥有的频谱为其 5G 网络的部署选择不同的频段组合。

3GPP 规定了用于 LTE-Advanced 的两种频带组合机制：Release 10 以后版本的载波聚合和 Release 12 以后版本的双连接。对于 5G-NR，3GPP 定义了两个附加频带组合机制，即 5G-NR 非独立组网的 LTE/NR 双连接，以及 SUL 频带和传统 TDD（或 FDD/SDL）频带的 5G-NR 频带组合。总的来说，5G-NR 独立组网模式中有三种频段组合机制，而 5G-NR 非独立组网模式中有两种频段组合机制。

对于 5G-NR 独立组网模式，可以采用以下三种频段组合机制，但是，在 3GPP 的 Release 15 版本内仅完成 NR-NR DL CA 和 SUL 规范，而 NR-NR DC 仅部分地完成了几个毫米波和 C 波段频带组合。

- NR-NR CA

NR-NR CA 示意图如图 3-14 所示，网络聚合多个 5G-NR 载波（Component Carrier，CC）用以服务单个 UE，以便增加调度带宽，从而增加单个 UE 的吞吐量。可以通过主载波的控制信令来调度辅载波中的数据传输，并且也可以通过主载波传输辅载波的 HARQ 反馈。在标准协议中定义了三种类型的 NR-NR CA，即有载波带宽连续的频段内 CA、载波带宽非连续的频段内 CA 和载波带宽在不同频段内的频段间 CA，分别如图 3-14（a）、（b）和（c）所示。

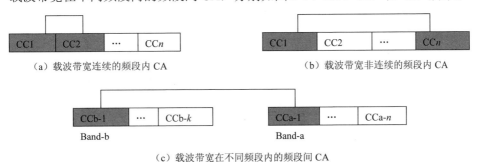

（a）载波带宽连续的频段内 CA　　　　　（b）载波带宽非连续的频段内 CA

（c）载波带宽在不同频段内的频段间 CA

图 3-14　NR-NR CA 示意图

- NR-NR DC

与 NR-NR CA 类似，单个 UE 的数据流可以同时在多个载波上传输以得到更高的数据吞吐速率。然而，NR-NR DC 使用每个小区组（Cell Group，CG）内高层到物理层的独立数据调度、传输和 HARQ 过程，并且需要更长的载波激活和去激活时间。

- SUL 的 5G-NR 组合

将 5G-NR SUL 载波与包含 DL 的传统 5G-NR 载波（可以是一个或多个 TDD 载波、FDD 载波或 SDL 载波）组合。SUL 的典型频段组合是与 TDD 载波的组合。与 NR-NR CA 不同，组合中的传统 5G-NR 载波和 SUL 载波形成单个小区，传统载波和 SUL 载波中的所有 UL 时频资源组成用于单个小区调度的上行资源池，并且共享相同的 HARQ 过程。这种机制给出了 UL 载波切换、DL 容量和 UL 覆盖之间的良好平衡。

对于 5G-NR 的非独立组网模式，3GPP 标准化了 LTE/NR DC 和 LTE-FDD & NR SUL 频段组合机制。

- LTE/NR DC

一个网络可以允许同一个 UE 并行地在 LTE 和 5G-NR 载波上进行多个数据流的传输，其典型的组网模式称为演进的陆地无线接入与新空口双连接（E-UTRA NR dual connectivity，EN-DC），即具有 LTE 作为锚网络的非独立 5G-NR 部署以提供基本覆盖和移动层，由演进分组核心（Evolved Packet Core，EPC）提供核心网网络功能。

- LTE-FDD 和 5G-NR SUL 组合

LTE/NR DC 非独立组网模式的一个特殊情况是 5G-NR 小区配置为具有 SUL 载波的 5G-NR 小区，而 SUL 载波可以与 LTE UL 载波正交或与 LTE 共享 UL 频率。

3.3.1　5G-NR 小区级频段定义

5G-NR 定义的小区级频段见表 3-4，3GPP 小区频段用 nx 标示，n 代表 5G-NR，x 为频段号码。FDD 频谱包括上行和下行频段，间隔依据不同的 FDD 频段不同而不同，FDD 频谱定义的 band ID 中的号码都能在 LTE 中找到相应的频段，因此 FDD 主要为 LTE 的 refarming 频段；TDD 频谱中主要包括 6 GHz 以下相对低频的频谱和 24 GHz 以上的微波频谱，在标准中将 450～6000 MHz 频段的频谱定义为第一频率区间（Frequency range 1，FR1），24 250～52 600 MHz 频段的频谱定义为第二频率区间（Frequency range 2，FR2）；此外还包括 SDL 频段和 SUL 频段，SDL 频段主要用于与其他频段组成频段组合供给频谱聚合技术使用，SUL 频段主要用于与其他频段组成频段组合用于上下行解耦技术，SDL 频段和 SUL 频段还能够组合成一个小区的下行和上行频段，这也是 LTE 中没有过的频段组合。

表 3-4　5G-NR 定义的小区级频段[15, 16]

频 段 编 号	上 行 频 段	下 行 频 段	双 工 模 式
n1	1920～1980 MHz	2110～2170 MHz	FDD
n2	1850～1910 MHz	1930～1990 MHz	FDD
n3	1710～1785 MHz	1805～1880 MHz	FDD
n5	824～849 MHz	869～894 MHz	FDD
n7	2500～2570 MHz	2620～2690 MHz	FDD
n8	880～915 MHz	925～960 MHz	FDD
n12	699～716 MHz	729～746 MHz	FDD
n20	832～862 MHz	791～821 MHz	FDD
n25	1850～1915 MHz	1930～1995 MHz	FDD
n28	703～748 MHz	758～803 MHz	FDD
n34	2010～2025 MHz	2010～2025 MHz	TDD
n38	2570～2620 MHz	2570～2620 MHz	TDD
n39	1880～1920 MHz	1880～1920 MHz	TDD
n40	2300～2400 MHz	2300～2400 MHz	TDD
n41	2496～2690 MHz	2496～2690 MHz	TDD
n51	1427～1432 MHz	1427～1432 MHz	TDD
n66	1710～1780 MHz	2110～2200 MHz	FDD
n70	1695～1710 MHz	1995～2020 MHz	FDD
n71	663～698 MHz	617～652 MHz	FDD
n75	N/A	1432～1517 MHz	SDL
n76	N/A	1427～1432 MHz	SDL
n77	3300～4200 MHz	3300～4200 MHz	TDD
n78	3300～3800 MHz	3300～3800 MHz	TDD

（续表）

频段编号	上行频段	下行频段	双工模式
n79	4400～5000 MHz	4400～5000 MHz	TDD
n80	1710～1785 MHz	N/A	SUL
n81	880～915 MHz	N/A	SUL
n82	832～862 MHz	N/A	SUL
n83	703～748 MHz	N/A	SUL
n84	1920～1980 MHz	N/A	SUL
n86	1710～1780MHz	N/A	SUL
n257	26 500～29 500 MHz	26 500～29 500 MHz	TDD
n258	24 250～27 500 MHz	24 250～27 500 MHz	TDD
n260	37 000～40 000 MHz	37 000～40 000 MHz	TDD
n261	27 500～28 350 MHz	27 500～28 350 MHz	TDD

在中国受到较多关注的是 C-band，在不同的国家有不同的定义，但其大致范围是从 3.4GHz 到 5GHz 的频谱。不同国家对 C-band 的分配各不相同，许多国家将 C-band 的一部分分配给了卫星通信，其他部分可以用于移动蜂窝通信。

3.3.2　上下行解耦的小区级频段组合

上下行解耦小区级频段组合见表 3-5，上下行解耦的小区级频段组合用 SUL_nx-ny 表示，其中在 3GPP 所定义的频段组合中 nx 为 TDD 频段，主要是 n78 和 n79，而 ny 为 SUL 频段包含了 3GPP 中所有的 SUL 频段。该组合中的 TDD 频段和 SUL 频段组成一个小区，因此该组合为小区级频段组合。

表 3-5　上下行解耦小区级频段组合[15]

5G-NR 中的 SUL 频段组合	5G-NR 频段	5G-NR 中的 SUL 频段组合	5G-NR 频段
SUL_n78-n80	n78, n80	SUL_n78-n84	n78, n84
SUL_n78-n81	n78, n81	SUL_n78-n86	n78, n86
SUL_n78-n82	n78, n82	SUL_n79-n80	n79, n80
SUL_n78-n83	n78, n83	SUL_n79-n81	n79, n81

还有一种 SDL 和 SUL 的组合也是上下行解耦的频段组合，一个 SDL 频段和一个 SUL 频段共同构成一个小区级的频段聚合组合。

3.3.3　CA 技术频段组合

3GPP 中用于载波聚合的频段组合较多，一些具体的载波聚合频段组合示例见表 3-6。载波聚合的频谱还分为频段内载波聚合和频段间载波聚合，例如，CA_nx 表示在 nx 频段内的载波聚合频谱，CA_n77 表示多个在 n77 频段内的载波的聚合组合，频段间的频段组合用 CA_nx-ny 表示，表示频段 nx 中的载波和ny 中的载波的载波聚合组合。除此之外还包括多于两个频段的载波聚合频谱。

表 3-6　载波聚合频段组合示例[15]

5G-NR 载波聚合频段	5G-NR 频段	5G-NR 载波聚合频段	5G-NR 频段
CA_n77	n77	CA_n3A-n78A	n3, n78
CA_n78	n78	CA_n3A-n79A	n3, n79
CA_n79	n79	CA n8-n78A	n8, n78
CA_n3A-n77A	n3, n77	CA_n8A-n79A	n8, n79

3.3.4　双连接技术频段组合

5G-NR 的双连接技术主要分为两类，一类是多个小区都采用 5G-NR 技术的 NR-NR 双连接技术，其中还包括组成双连接的小区，部分小区采用 FR1 内的频段，而另外的小区采用 FR2 中的频段；另一类是 LTE 和 5G-NR 间的双连接技术。

3.3.4.1　NR-NR 双连接技术频段组合

NR-NR 双连接频段组合见表 3-7，DC_n77-n257 表示分别在 n77 和 n257频段内的载波组成的双连接所使用的频段组合，这也是一种 6 GHz 以下相对低频和 24 GHz 以上毫米波的双连接频段组合，目前在 3GPP 的首发版本（Release15）中只包括 FR1 和 FR2 之间的双连接频段组合，在运行机制上也只支持这两个频段之间的双连接技术，在 FR1 频谱范围内的不同蜂窝小区的双连接技术将在第二个版本（Release 16）中实现支持。

表 3-7　NR-NR 双连接频段组合

5G-NR 双连接频段	5G-NR 频段	5G-NR 双连接频段	5G-NR 频段
DC_n77-n257	n77, n257	DC_n79-n257	n79, n257
DC_n78-n257	n78, n257		

3.3.4.2 LTE/NR 双连接技术的频段组合

在 LTE/NR 双连接技术中，LTE 提供核心网和基本接入及控制功能，而 5G 提供更强大的空口功能使得用户能够获得更加强大的业务能力，其架构在部署模式中详细描述。LTE/NR 的双连接技术频段组合见表 3-8。在 LTE/NR 双连接模式下，LTE 可以有多个载波通过载波聚合的方式与 5G-NR 的一个载波组成双连接，而 5G-NR 也可以为 CA 的组合，即 LTE 的 CA 组合和 5G-NR 的 CA 组合组成 CA 组合的双连接，对于表格中的 "Single UL allowed" 在 LTE 和 5G-NR 的时分发送章节（6.2.7 节）中进行了详细的描述。其中还包括了 LTE 在 FR1 低频段和 5G-NR 在 FR2 毫米波频段的双连接技术频段组合。

表 3-8　LTE/NR 的双连接技术频段组合[17]

EN-DC band	E-UTRA Band	5G-NR Band	Single UL allowed
Band combinations EN-DC（two bands）			
DC_1_n28	1	n28	No
DC_1_n77	1	n77	DC_1_n77
DC_2_n5	2	n5	No
DC_2_n66	2	n66	No
DC_1_n257	1	n257	No
DC_2-2_n257	CA_2-2	n257	No
DC_2_n257	CA_2	n257	No
DC_2_n260	2	n260	No
Band combinations EN-DC（three bands）			
DC_1-3_n28	CA_1-3	n28	No
DC_1-3_n77	CA_1-3	n77	DC_1_n77, DC_3_n77
DC_1-3_n78	CA_1-3	n78	DC_3_n78
DC_1-3_n79	CA_1-3	n79	No
DC_1-5_n78	CA_1-5	n78	No
DC_1-3_n257	CA_1-3	n257	No
DC_1-3_n257	CA_1-3	n257	No
DC_1-5_n257	CA_1-5	n257	No
DC_1-7_n257	CA_1-7	n257	No
Band combinations EN-DC（four bands）			
DC_1-3-5_n78	CA_1-3-5	n78	DC_3_n78
DC_1-3-7_n28	CA_1-3-7	n28	No

（续表）

EN-DC band	E-UTRA Band	5G-NR Band	Single UL allowed
Band combinations EN-DC（four bands）			
DC_1-3-7-7_n78	CA_1-3-7-7	n78	DC_3_n78
DC_1-3-7_n78	CA_1-3-7	n78	DC_3_n78
DC_1-3-8_n78	CA_1-3-8	n78	No
DC_1-3-5_n257	CA_1-3-5	n257	No
DC_1-3-7_n257	CA_1-3-7	n257	No
DC_1-3-7-7_n257	CA_1-3-7-7	n257	No
DC_1-3-19_n257	CA_1-3-19	n257	No
Band combinations EN-DC（five bands）			
DC_1-3-5-7_n78	CA_1-3-5-7	n78	DC_3_n78
DC_1-3-5-7-7_n78	CA_1-3-5-7-7	n78	DC_3_n78
DC_1-3-7-20_n28	CA_1-3-7-20	n28	No
DC_1-3-7-20_n78	CA_1-3-7-20	n78	DC_3_n78
DC_1-3-7_n28-n78	CA_1-3-7	CA_n28-n78	DC_3_n78
DC_1-3-5-7_n257	CA_1-3-5-7	n257	No
DC_1-3-5-7-7_n257	CA_1-3-5-7-7	n257	No
DC_1-3-19-21_n257	CA_1-3-19-21	n257	No
DC_1-3-19-42_n257	CA_1-3-19-42	n257	No
Band combinations EN-DC（six bands）			
DC_1-3-7-20_n28-n78	CA_1-3-7-20	CA_n28-n78	DC_3_n78

3.3.4.3　上下行解耦技术双连接的频段组合

5G-NR 在引入了上下行解耦和双连接的基础上还引入了基于上下行解耦的 LTE/NR 双连接技术和频段组合（见表 3-9）。对于双连接频段组合 DC_3A_SUL_n78A-n82A，LTE band3 和 5G-NR 的 band78/band82 组成的有上下行解耦配置的双连接组合，是 LTE 的上下行在 band3（上行：1710～1785 MHz，下行：1805～1880 MHz），5G-NR 在 band78（上下行：3300～3800 MHz）和 SUL band82（上行：832～862 MHz）。

表 3-9　基于上下行解耦的 LTE/NR 双连接技术和频段组合[17]

EN-DC configuration	Uplink EN-DCconfiguration	E-UTRA configuration	5G-NR configuration
DC_3A_SUL_n78A-n82A	DC_3A_n78A，DC_3A_n82A	3	SUL_n78A-n82A
DC_20A_SUL_n78A-n83A	DC_20A_n78A，DC_20A_n83A	20	SUL_n78A-n83A

3.3.4.4 UE 侧 LTE/NR 频谱共享上下行解耦技术双连接频段组合

在上下行解耦的双连接技术中，LTE 具有一段上行频谱，5G-NR 的 SUL 也有上行频谱，这两段上行频谱还可以配置在相同的载波上，从而构成在 UE 看来 LTE 和 5G-NR 共享上行频谱的上下行解耦技术，UE 侧 LTE/NR 上行频谱共享的 LTE/NR 双连接上下行解耦频段组合见表 3-10。在表 3-10 中的频段组合配置 DC_3A_SUL_n78A-n80A 中，LTE 的上下行在 band3（上行：1710～1785 MHz，下行：1805～1880 MHz），5G-NR 侧在 band78（上下行：3300～3800 MHz）和 SUL band80（上行：1710～1785 MHz），即 LTE 的上行和 5G-NR 的 SUL 频谱配置在相同的频段上，因此可以将 5G-NR 的 SUL 载波和 LTE 的上行载波配置在重叠的频点上，从而 LTE 和 5G-NR 可以共享同一段上行频谱。

表 3-10 UE 侧 LTE/NR 上行频谱共享的 LTE/NR 双连接上下行解耦频段组合[17]

EN-DC configuration	Uplink EN-DCconfiguration	E-UTRA configuration	5G-NR configuration
DC_3_SUL_n78-n80	SUL_n78-n80	3	DC_3_n78
DC_1A_SUL_n78A-n84A	DC_1A_n78A, DC_1A_n84A_ULSUP-TDM_n78A, DC_1A_n84A_ULSUP-FDM_n78A	1	SUL_n78A-n84A
DC_3A_SUL_n78A-n80A	DC_3A_n78A DC_3A_n80A_ULSUP-TDM_n78A DC_3A_n80A_ULSUP-FDM_n78A	3	SUL_n78A-n80A
DC_3A_SUL_n79A-n80A	DC_3A_n79A, DC_3A_n80A_ULSUP-TDM_n79A, DC_3A_n80A_ULSUP-FDM_n79A	3	SUL_n79A-n80A
DC_8A_SUL_n78A-n81A	DC_8A_n78A, DC_8A_n81A_ULSUP-TDM_n78A, DC_8A_n81A_ULSUP-FDM_n78A	8	SUL_n78A-n81A
DC_8A_SUL_n79A-n81A	DC_8A_n79A, DC_8A_n81A_ULSUP-TDM_n79A, DC_8A_n81A_ULSUP-FDM_n79A	8	SUL_n79A-n81A
DC_20A_SUL_n78A-n82A	DC_20A_n78A, DC_20A_n82A_ULSUP-TDM_n78A, DC_20A_n82A_ULSUP-FDM_n78A	20	SUL_n78A-n82A
DC_28A_SUL_n78A-n83A	DC_28A_n78A, DC_28A_n83A_ULSUP-TDM_n78A, DC_28A_n83A_ULSUP-FDM_n78A	28	SUL_n78A-n83A

（续表）

EN-DC configuration	Uplink EN-DCconfiguration	E-UTRA configuration	5G-NR configuration
DC_66A_SUL_n78A-n86A	DC_66A_n78A, DC_66A_n86A_ULSUP-TDM_n78A, DC_66A_n86A_ULSUP-FDM_n78A	66	SUL_n78A-n86A

3.3.5　其他频段组合

目前由于 5G-NR 基本完成了第一阶段的标准化（phase 1），第二阶段的标准化（phase 2）刚刚起步，因此 5G-NR 一些频谱定义尚待完善，比如，更多的小区级和单频段定义，更多的频谱聚合频段定义，还有 NR/LTE 的双连接（5G-NR 小区作为 PCC 的双连接技术）的频谱定义等。

参 考 文 献

[1] Ofcom. Award of the 2.3 and 3.4 GHz spectrum bands[R/OL]. 2017-07-11. https://www.ofcom.org.uk/__data/assets/pdf_file/0022/103819/Statement-Award-of-the-2.3-and-3.4-GHz-spectrum-bands-Competition-issues-and-auction-regulations.pdf.

[2] Ofcom. https://www.ofcom.org.uk/__data/assets/pdf_file/0030/81579/info-memorandum.pdf.

[3] Ofcom. Award of 2.3 and 3.4 GHz spectrum by auction[EB/OL].2018-04-25. https://www.ofcom.org.uk/spectrum/spectrum-management/spectrum-awards/awards-in-progress/2-3-and-3-4-ghz-auction.

[4] 3GPP. NR; Radio resource control (RRC) protocol specification: Technical Specification 38.331[S/OL]. 2018-09-26. http://www.3gpp.org/ftp/Specs/archive/38_series/38.331/.

[5] ITU-R. IMT Traffic estimates for the years 2020 to 2030: Report ITU-R M.2370[R]. 2015-07.

[6] L. Wan, M. Zhou and R. Wen. Evolving LTE with Flexible Duplex[C]. 2013 IEEE Globecom Workshops, Atlanta, GA, 2013：49-54.

[7] J. Choi, M. Jain, K. Srinivasan, P. Levis, and S. Katti. Achieving single channel, full duplex wireless communication[C]. Proceedings of the ACM MobiCom Conference, 2010:1-12.

[8] E. Everett, M. Duarte, C. Dick, etc. Empowering Full-Duplex Wireless Communication by Exploiting Directional Diversity[C]. 2011 Conference Record of the Forty Fifth Asilomar

Conference on Signals, Systems and Computers (ASILOMAR), 2011-11:2002-2006.

[9] CATT. Further Enhancements to LTE TDD for DL-UL Interference Management and Traffic Adaptation: RP-121772[R/OL]. 3GPP TSG RAN meeting 58,2012-12. http:// www.3gpp.org/ftp/tsg_ran/TSG_RAN/TSGR_58/Docs/.

[10] 3GPP. Further Enhancements to LTE TDD for DL-UL Interference Management and Traffic Adaptation: Technical Report 36.828[R/OL]. 2012-06-26. http://www.3gpp.org/ftp/Specs/ archive/36_series/36.828/.

[11] 3GPP. NR; Physical channels and modulation: Technical Specification 38.211[S/OL]. 2018-09-27. http://www.3gpp.org/ftp/Specs/archive/38_series/38.211/.

[12] 3GPP. Study on New Radio access technology physical layer aspects: Technical Report 38.802[R/OL]. 2017-09-26. http://www.3gpp.org/ftp/Specs/archive/38_series/38.802/.

[13] Doppler K, Rinne M, Wijting C, et al.. Device-to-device communication as an underlay to LTE-advanced networks[J]. Communications Magazine, IEEE, 2009, 47(12): 42-49.

[14] Sahin O, Simeone O, Erkip E. Interference channel with an out-of-band relay[J]. Information Theory, IEEE Transactions on, 2011, 57(5): 2746-2764.

[15] 3GPP. NR; User Equipment (UE) radio transmission and reception; Part 1: range 1 standalone: Technical Specification 38.101-1[S/OL]. 2018-10-03. http://www.3gpp.org/ftp/ Specs/ archive/38_series/38.101-1/.

[16] 3GPP. NR; User Equipment (UE) radio transmission and reception; Part 2: range 2 standalone: Technical Specification 38.101-2[S/OL]. 2018-10-03. http://www.3gpp.org/ftp/ Specs/ archive/38_series/38.101-2/.

[17] 3GPP. NR; User Equipment (UE) radio transmission and reception; Part 3: Range 1 and Range 2 Interworking operation with other radios: Technical Specification 38.101-3[S/OL]. 2018-10-03. http://www.3gpp.org/ftp/Specs/archive/38_series/38.101-3/.

第 4 章　5G 网络部署、覆盖分析和挑战

4.1　5G-NR 的频谱分层

根据 3GPP 所定义频段的覆盖，可获得带宽大小等特性，可以将频段按照频率的高低分为多个层级，网络可以根据高低频的不同特点对频谱进行分层使用，在不同场景下满足不同用户的需求，图 4-1 给出了一种可行的 5G 频谱的分层模型。

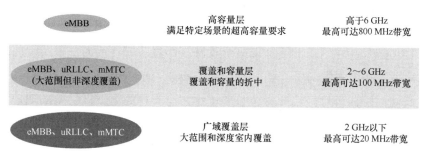

图 4-1　5G 频谱的分层模型[1]

对频谱的分层使用可以有效利用各频段的频谱特性，最大化系统性能，下面以图 4-1 中所提出的三层频谱使用为例来说明。

- *广域覆盖层*

2 GHz 以下的频谱由于其路损较小，覆盖范围较广，因此可以作为广域覆盖层，用于 eMBB、uRLLC 和 mMTC 业务的基础覆盖，尤其在小于 2 GHz 的频谱中，大多数频段被定义为成对频谱，并使用 FDD 双工方式或模式。成对频谱由于具有时域上连续的上行和连续的下行传输资源，应用层产生的和到达设备的数据包理论上能够随时到达并随时传输，从而能够完美地支持低时延业务，如 uRLLC 业务。

● 覆盖和容量层

对于 2~6 GHz 的频段，其路径损耗相比于 2 GHz 附近的频段有所增加，但是由于可获得较大的带宽，可以提供较高的传输速率，是覆盖和容量的最佳折中频段。因此该频段可以作为 eMBB、uRLLC 和 mMTC 业务的覆盖和容量层，尤其对增长越来越快的 eMBB 业务，丰富的频谱能够支撑高速率数据传输。另外，由于 2~6 GHz 频段的频谱大多数为非成对频谱，且使用 TDD 双工方式，因此上下行信道的互异性是成立的，从而为应用大规模天线提供了基础，更适合于 eMBB 业务的高速率数据传输。

● 高容量层

对于 6 GHz 以上的频段，其路损较大，但是单个小区可配置的最大带宽可以达到 400 MHz，最适合 eMBB 业务在特定场景中满足超高容量的需求，因此可以划分为高容量层。另外该频谱层的可配置带宽较大，因此也是提供基站无线回传（Wireless Backhaul）的理想频段，通过应用无线回传和接入链路一体化技术，运营商能够降低高密度网络部署的成本，提升覆盖。同时，高频段微波频谱因为采用了较大的子载波间隔，而时隙长度/OFDM 符号长度与子载波间隔成反比，因此时隙长度更小，可支持的上下行切换周期短，因此也适合支持低时延业务。

应用上述分层覆盖的原理，不同分层之间通过联合服务，可以最大限度地满足不同业务在不同场景下对于覆盖和容量的需求。但是独立的某一层很难满足多样的业务需求，因此不同频谱分层协作是未来 5G-NR 网络的必备要求。目前，5G 网络部署刚刚起步，LTE 业务和终端数量仍然在增长，LTE 系统的部署仍在扩大，因此 5G-NR 很难获得低频频谱，尤其是低频成对频谱。因此如何在同一网络中支持多样业务对 5G-NR 提出了新的挑战，下面章节中具体介绍了 1.8 GHz 的成对频谱和 3.5 GHz 非成对频谱的 5G-NR 覆盖差异，这有助于我们了解不同频谱的覆盖特性。

4.1.1 链路覆盖分析

链路预算是估算不同部署频谱和部署方式的一个有效工具，它是基于实际设备情况和信道模型给出信道的覆盖情况的，是在一个通信系统中对发送端、通信链路、传播环境和接收端中所有增益和衰减的核算。

4.1.1.1　基站/小区链路预算参数

基站根据不同的基站类型能够提取多个与链路预算相关的参数，包括：

> 发送功率：基站的发送功率，不同类型的基站其发送功率有大有小；部署在楼顶覆盖较大范围的基站为宏基站，其发送功率大多为 40～50 dBm，发送功率越大，覆盖也越大。

> 系统带宽：系统带宽是指基站一个载波的带宽，通常用在一个子载波间隔下的资源块（Resource Block，RB）的个数来衡量，在总下行发送功率确定的情况下，系统带宽确定了下行信号的功率谱密度，也就是每个子载波上的发送功率。在总发送功率一定的情况下，资源块个数越多，每个资源块功率越低。

> 发送/接收天线端口天线增益：是每个天线端口的天线增益，通常每个天线端口是多个天线阵元构成的天线阵列，天线端口的天线增益是多个天线阵元的合成天线增益，包括每个天线阵元的天线增益和天线阵元构成的天线阵列的波束赋形增益。

> 上行接收机噪声系数：射频器件的噪声系数是输入端信噪比和输出端信噪比之比，表示信号有用功率的损失和噪声功率的放大。在链路预算的时候也是需要考虑的。

> 上行接收干扰余量：干扰余量（Interference Margin）是为了克服邻区干扰导致的噪声抬升而预留的余量，可以根据网络拓扑计算或者仿真获得。

> 馈线损耗：在 5G 链路预算中，基站的馈线损耗分为两种情况，一种情况是远程无线单元（Remote Radio Unit，RRU）形态，天线外接，需要考虑馈线损耗的影响；另一种情况是有源天线单元（Active Antenna Unit，AAU）形态，无外接天线，不需要考虑馈线损耗的影响。

> 上行信道解调信号干扰噪声比：上行信道达到给定的速率所需要的信号与干扰噪声的比值，该参数与接收天线数、信道、调制编码方式或数据信道比特速率等相关。该参数还与帧结构等参数密切相关，例如，在 FDD 帧

结构中，上行可以连续发送，达到给定上行速率时每个子帧中承载的比特数与同样的上行速率下 TDD 相比就小了，因为 TDD 系统中分配给上行的资源较少，因此为了达到给定的速率，TDD 的每个上行子帧中所承载数据比特必然会增多，因此其所需要的信号干扰噪声比会较大。

4.1.1.2　UE 端链路预算参数

终端的链路预算参数主要包括最大发送功率、调度发送带宽、噪声系数、下行干扰余量、收发天线增益等，与基站端类似，但具体数值范围不同。

4.1.1.3　信道模型

信道参数包括阴影衰落余量、传播模型、终端/基站高度、穿透损耗、雨雾衰落（通常指雨衰）等。

> 阴影衰落余量：信号强度的值随着距离变化会呈现慢速变化（遵从对数正态分布），与传播障碍物遮挡、季节更替、天气变化等相关，阴影衰落余量指的是为了保证长时间统计中达到一定电平覆盖概率而预留的余量。

> 传播模型：信道传播模型主要包括城区宏小区（Urban Macrocell，UMa）、农村宏小区（Rural Macrocell，RMa）、城区微小区（Urban Microcell，UMi）等模型，在 3GPP 的技术报告 TR 38.901[2] 中对各种信道模型进行了详细的描述。

> 穿透损耗：室外到室内（Outdoor-to-Indoor，O2I）路径损耗由 UE 的位置决定，但总的来讲，由室外空间损耗部分、建筑物穿透损耗、室内损耗和穿透损耗标准差构成。

> 雨衰：对于 6 GHz 以上的高频段（如 28 GHz/39 GHz 等），在降雨比较充沛的地区，当降雨量和传播距离达到一定大小时，会带来额外的信号衰减，链路预算、网络规划设计需要考虑这部分的影响。

图 4-2 为 3GPP 在进行评估时所定义的路径损耗和穿透损耗的信道数学模型，根据该信道模型我们可以计算出不同频点由于频率的差别所引起的路径损耗和穿透损耗如图 4-3 所示。

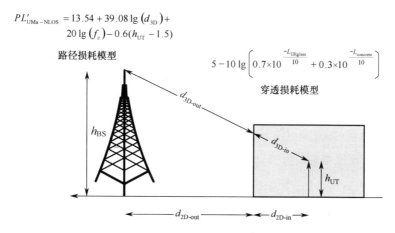

$$PL'_{\text{UMa-NLOS}} = 13.54 + 39.08\lg(d_{3\text{D}}) + 20\lg(f_c) - 0.6(h_{\text{UT}} - 1.5)$$

路径损耗模型

$$5 - 10\lg\left[0.7 \times 10^{\frac{-L_{\text{IIRglass}}}{10}} + 0.3 \times 10^{\frac{-L_{\text{concrete}}}{10}}\right]$$

穿透损耗模型

图 4-2　信道数学模型[2]

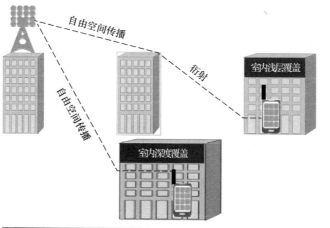

频率	自由空间传播差异	衍射差异	穿透差异	总传播损耗差异
900 MHz	基线	基线	基线	基线
1.8 GHz	+6 dB	+2 dB	+4 dB	+12 dB
2.6 GHz	+9 dB	+4 dB	+7 dB	+20 dB
3.5 GHz	+12 dB	+6 dB	+10 dB	+28 dB
4.9 GHz	+15 dB	+8 dB	+13 dB	+36 dB

图 4-3　不同频点的路径损耗和穿透损耗

4.1.1.4　链路预算计算方法

根据上述链路预算的主要参数，我们得到如式（4-1）所示的链路预算公式，覆盖定义为在保证一定无线通信质量的条件下，信号从发射机到接收机链路所允许达到的最大的路径损耗。

$$C_{\text{coverage}} = P_{\text{RE}} + G_{\text{Ant}}^{\text{TX}} + G_{\text{Ant}}^{\text{RX}} - N_{\text{RE}} - I_{\text{m}} - N_{\text{F}} - \gamma - L_{\text{CL}}^{\text{TX}} - L_{\text{CL}}^{\text{RX}} - L_{\text{pe}} - L_{\text{SF}} - L_f$$

$$(4\text{-}1)$$

其中，P_{RE} 表示每个子载波的传输功率，γ 表示接收机的灵敏度，$G_{\text{Ant}}^{\text{TX}}$ 和 $G_{\text{Ant}}^{\text{RX}}$ 分别表示发射天线和接收天线增益，N_{RE} 和 N_{F} 分别表示每个子载波的热噪声功率和噪声系数，$L_{\text{CL}}^{\text{TX}}$ 和 $L_{\text{CL}}^{\text{RX}}$ 表示发射端和接收端的电缆损耗，L_{pe}、L_{SF}、I_{m} 和 L_f 分别表示穿透损耗、阴影衰落、小区间干扰余量和由频率不同引起的路损差异。其中 L_f 为相对于给定频率的相对路损，在本书中比较 1.8 GHz 和 3.5 GHz 的覆盖时，参考频率为 1.8 GHz。

根据链路预算公式，我们可以看出很多因素都会影响用户的覆盖，包括功率、传播损耗和接收机灵敏度等。由于信号的传输损耗是与频率强相关的，因此不同频段信号的传输损耗有着很大的区别。由第 3 章中介绍可知，5G-NR 商用的首用主要频段在 3 GHz 以上，因此 5G 商用的困难之一就是如何保证高频段的业务覆盖。

4.1.2 Sub 3 GHz 与 C-band 覆盖差异

本文利用链路预算对 3.5 GHz 的 TDD 双工方式和 1.8 GHz 的 FDD 双工方式的覆盖能力进行了对比，表 4-1 中给出了链路预算的假设条件。在链路预算中，假设用户的上行容量为 1 Mbps，在 4 个接收天线端口和 4 个发射天线端口的条件下，1.8 GHz 频段的下行覆盖范围与 1.8 GHz 的上行覆盖范围相同，且假设下行主要是下行物理控制信道覆盖受限的。其他参数详见表 4-1，其中 xTyR 表示 x 个发射天线端口，y 个接收天线端口。

表 4-1 链路预算的仿真数据的假设条件

参　　数	1.8 GHz 4T4R		3.5 GHz 64T64R	
	PDCCH	PUSCH	PDCCH	PUSCH
发射天线增益 $G_{\text{Ant}}^{\text{TX}}$ (dBi)	17	0	10	0
接收天线增益 $G_{\text{Ant}}^{\text{RX}}$ (dBi)	0	18	0	10
每子载波的热噪声功率 N_{RE}(dBm)	−132.24	−132.24	−129.23	−129.23
噪声系数 N_{F}(dB)	7	2.3	7	3.5
接收机灵敏度 γ(dBm)	−129.44	−134.3	−141.02	−141.23
发射端电缆损耗 $L_{\text{CL}}^{\text{TX}}$ (dB)	2	0	2	0

（续表）

参　数	1.8 GHz　4T4R		3.5 GHz　64T64R	
	PDCCH	PUSCH	PDCCH	PUSCH
接收端电缆损耗 L_{CL}^{RX} (dB)	0	2	0	2
穿透损耗 L_{pe}(dB)	21	21	26	26
阴影衰落 L_{SF}(dB)	9	9	9	9
小区间干扰余量 I_m(dB)	14	3	7	2
不同频率的路损差异 L_f (dB)	0	0	5.78	5.78

　　根据图 4-4 所示的结果可以看出，在保持收发天线数量均为 4 的情况下，3.5 GHz 频段的上行与 1.8 GHz 的上行覆盖相差 16 dB，下行覆盖相差 8.8dB。下行覆盖差距是由穿透损耗和由频率引起的路损差异所造成的；而对于上行覆盖，除与下行覆盖减小的原因相同以外，噪声系数与上行可用时隙减少是造成上行覆盖受限的另外两个原因，其中上行时隙的减少带来了约 6 dB 的覆盖差别。这主要因为 1.8 GHz 是成对频谱，所有时隙均有上行，而 3.5 GHz 是非成对频谱，在上下行时隙比例为 1∶4 的情况下，上行时隙减少了 80%，因此会严重地影响上行速率，导致上行覆盖相比于下行覆盖更为受限。

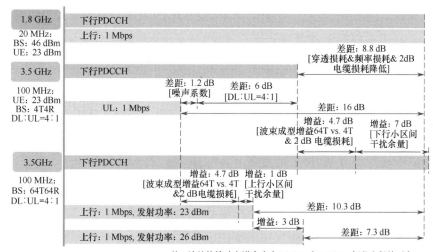

注：站的传输功率谱密度在1.8 GHz和3.5 GHz频段上保持不变

图 4-4　链路预算对比

　　为了增大上下行覆盖能力，在链路预算中使用了 64 个收发天线端口的大规模 MIMO。大规模 MIMO 带来的增益可以分为两部分，第一部分是由于服务小区的波束成型而带来的增益，另外一部分是由于使用大规模 MIMO 可以有效降低小区间干扰而带来的干扰余量增益。这两部分增益可以有效地补偿由于高频段而产生的路径损耗，因此使用大规模 MIMO 的 3.5 GHz 附近频段的下行覆盖能力与 1.8 GHz 附近频段的下行覆盖能力相同。

但是，对于使用了大规模 MIMO 的 3.5 GHz 附近频段的上行覆盖而言，由于用户功率受限，因此覆盖能力与 1.8 GHz 附近频段的上行覆盖仍然存在着 10.3 dB 的差距。即使在提高了用户的最大发送功率之后，即从 23 dBm 提升至 26 dBm，上行覆盖能力可以相应提高 3 dB，但上行覆盖相比于下行覆盖仍然存在约 7.3 dB 的差距。由此可见，大规模 MIMO、基站的高功率和高频率的大带宽能够有效提升 3.5 GHz 附近频段的下行覆盖能力，并且能够达到 1.8 GHz 附近频段的下行覆盖范围；但是由于上行可用时隙数的减少和用户功率受限，3.5 GHz 附近频段的上行覆盖能力远不及 1.8 GHz 附近频段的上行覆盖能力。

4.1.2.1　C-band 上下行覆盖对比

C-band 与其他更低的频段相比，覆盖的差距将会更大，不同频率和天线配置的上下行覆盖对比如图 4-5 和图 4-6 所示。从覆盖的距离对比可以看出，C-band 的上行覆盖距离比 1.8 GHz 差 50%左右；而从下行业务覆盖距离来看，C-band 利用大规模天线能够实现与 900 MHz 相似的覆盖距离，而对于小区中心用户，由于 C-band 具有更大的带宽，因此能够提供比低频点高得多的传输速率。由此可以看出，C-band 的小区覆盖主要受到上行覆盖的限制，5G-NR 在 C-band 上不能够完全通过与低频 LTE 共基站部署实现 C-band 的无缝覆盖。但值得注意的是，由于 C-band 的下行业务覆盖与低频覆盖相似，因此如果能够提升 5G-NR 小区的上行覆盖，就可以利用现有 LTE 基站站点资源实现 5G-NR C-band 无缝覆盖，上下行解耦技术在一个小区中引入低频频谱，正好弥补了 5G-NR 小区在 C-band 上的上行覆盖不足，从而能够实现与 LTE 共基站共覆盖部署，与仅通过 C-band 部署 5G-NR 提供无缝覆盖相比，基本无须增加新的站点，降低了运营商的部署成本，加快了 5G-NR 的商用节奏。

C-band 上下行不同速率的覆盖链路关键参数对比如图 4-7 所示，该链路的预算中所使用的参数是经过外场拉网测试后校准的参数。可以观察到相同

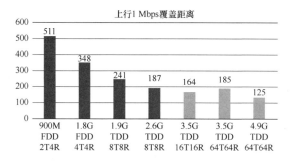

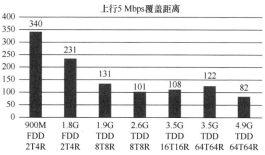

图 4-5　不同频率和天线配置的上行覆盖对比（纵坐标单位：米）

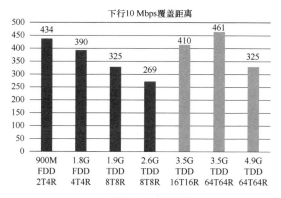

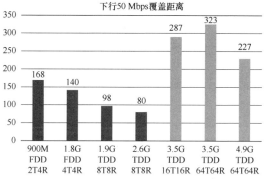

图 4-6　不同频率和天线配置的下行覆盖对比（纵坐标单位：米）

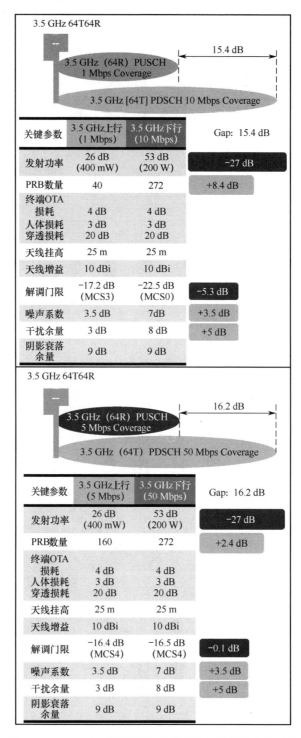

图 4-7　C-band 上下行不同速率的覆盖链路关键参数对比

的现象：由于上下行功率差异大、上下行时隙配比不均等原因，上行覆盖成为 C-band 部署的关键瓶颈。

4.1.2.2　共基站部署 C-band 与低频覆盖差异

3.5 GHz 与 1.8 GHz 上行链路预算比较如图 4-8 所示，从图 4-8 可以看出，造成 3.5 GHz 弱覆盖的主要原因为高频点的高路损和穿透损耗，上下行配比倾向于更多的下行资源的分配等。

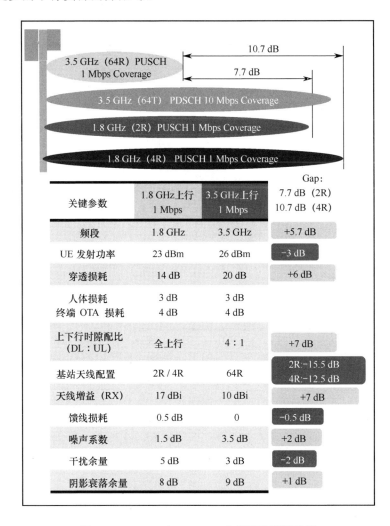

图 4-8　3.5 GHz 与 1.8 GHz 上行链路预算比较

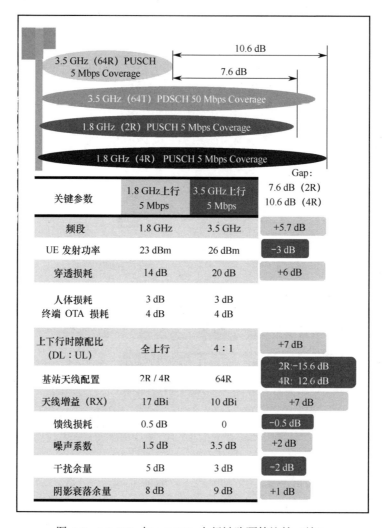

图 4-8　3.5 GHz 与 1.8 GHz 上行链路预算比较（续）

4.2　5G-NR 网络部署挑战和上下行解耦

无线通信蜂窝小区的覆盖范围是由上行和下行覆盖中的较小覆盖的链路所确定的，由前面章节的分析可知，当 5G-NR 部署在 C-band 频率上时，上行比下行的覆盖低大约 13 dB，因此 3.5 GHz 的 5G-NR 小区覆盖主要由上行覆盖范围确定，这会给 5G 商用部署带来诸多挑战，下面将详细讨论由于上行覆盖受限而带来的问题，并分析了上下行解耦在解决这些挑战方面的优点。

4.2.1　挑战一：5G 频谱同时满足大带宽与广覆盖

5G-NR 在 3 GHz 以上的频段具有较大的带宽，如在 3.5 GHz 和 4.9 GHz 附近，5G-NR 定义了 3.3～4.2 GHz 以及 4.4～5.0 GHz 的共 1.5 GHz 的带宽[2]，分别为 band n77、n78 和 n79。宽频谱的分配有利于 5G-NR 实现高传输速率，体现 5G-NR 高速率传输的优势，适应并支持未来的高速率业务。如前所述，虽然 C-band 频段有着丰富的连续带宽资源，并且能够使用更多的发送和接收天线进行发送和接收，但其传播损耗却随着频率的升高而不断变大。在低频频谱的可获得性方面，3 GHz 以下的大部分频谱目前均已分配给 LTE 使用，并且 LTE 用户和业务量还在不断地增加，短期内很难重新分配给 5G-NR 使用。同时，上下行业务的不对称性，造成了低频段上行频谱利用率较低。从低频带宽方面讲，由于低频段可用带宽相对较小，故其传输速率受限。因此，5G-NR 部署的可用大带宽和广覆盖存在着一种折中关系，尤其对于 5G-NR 的 3 GHz 到 5 GHz 频段而言，上行覆盖成为了瓶颈。

上下行解耦通过高低频率的联合部署，有效地解决了可用带宽、低频上行频谱利用率和覆盖之间的矛盾。一方面，较高频率的 TDD 频段可以用来服务 5G-NR 的大容量下行业务，根据下行业务需求调整上下行时隙比例，主要服务于下行业务，这样可以有效地利用高频段的丰富可用频谱资源，提升通信速率。同时，下行可以通过使用大规模 MIMO 和较高的发送功率，从而有效扩展下行的覆盖范围。

另一方面，5G-NR 的上行业务既可以承载在较高频率的 TDD 频段，也可以承载在低频率的 SUL 频段上。对于小区边缘用户或有低延时需求的用户可以选择 SUL 载波传输数据[3, 4, 5, 6, 7]，因为 SUL 载波有着连续的上行时隙，且频率低，传输损耗小，覆盖广；而对于延时不敏感的蜂窝小区中信道条件较好的用户可以选择 C-band 上 TDD 频段进行业务传输。由于 C-band 频段有着丰富的带宽，而且信道条件较好，信号路损较小，因此用户上行发送功率不需要达到最大发送功率，从而发送功率没有受到最大发送功率的限制。由此可见，通过较大的调度带宽可以有效提升小区近中点终端的上行传输速率，而在 C-band 的下行时隙中，小区中近点用户仍然可以在 SUL 载波上被调度上行业务传输，上行传输速率进一步提升。因此，通过引入上下行解耦，大带宽和广覆盖的矛盾可以有效地得以解决。

4.2.2 挑战二：TDD 上下行配比同时满足高频谱效率与上行无缝覆盖

TDD 系统可以根据实际的上下行业务比例，调整上下行时隙分配比例，用以满足业务需求。但用于宏站大范围覆盖的 C-band TDD 频谱，同一个运营商的不同基站，或者不同运营商在相邻载波上部署时，其上下行比例应该相同，否则如第 3 章所述，会存在基站间的同频或者邻频的上下行之间的强干扰。因此为了避免这种干扰，目前不同运营商在室外的宏基站上部署的 TDD 载波的上下行配置都是相同的，且都是按照下行业务负载比例较大的情况选择了较多的下行时隙，例如上下行时隙配比为 1：4 或者 3：7 等[8]。由于目前主要服务的移动多媒体业务为下载业务，因此较多的下行时隙比例有利于提升用户的下行吞吐量，也因为下行传输具有高功率、能够应用多天线等技术，从而下行具有比上行较高的频谱效率，因此 TDD 系统相比于 FDD 系统对资源的利用率更为充分。根据 LTE 网络流量统计数据[9]，下行业务占据了总数据量的 80%～90%，而且随着视频数据的不断增长，未来下行数据量和业务的比例将进一步增加。因此，系统需要分配更多的下行时隙来服务下行业务。

同时，终端上行有最大发送功率限制，只能通过增加上行时隙的比例才能增加上行覆盖，而由于上行和下行的业务量比例以及下行频谱效率远高于上行频谱效率，会造成上行时隙越多，频谱使用效率越低。因此，TDD 系统上下行时隙分配的比例需要在频谱使用效率和覆盖中寻找最佳的折中方案。

上下行解耦可以有效地平衡频谱使用效率和上行覆盖。对于 C-band 的 TDD 频段，系统可以仅根据上下行业务的统计数据来确定上下行时隙分配比例，而不用考虑上行覆盖问题，这样既可以保证下行业务的传输，还可以有效提高频谱使用率。小区边缘用户可以选择覆盖能力强的 SUL 载波承载上行业务。

用户上行吞吐量统计对比如图 4-9 所示，我们对比了三种不同载波配置的用户上行吞吐量。第一种载波配置模式是只有 3.5 GHz TDD 频段的载波；第二种载波配置模式是 3.5 GHz TDD 频段载波和 0.8 GHz 的 SUL 载波，0.8 GHz 的 SUL 载波的带宽是 10 MHz；第三种载波配置模式是 3.5 GHz TDD 频段的载波和 1.8 GHz 附近频段的 SUL 载波，1.8 GHz 附近频段的 SUL 载波的带宽是 20 MHz。TDD 频段的收发天线数为 64，SUL 载波的收发天线数为 2。3.5 GHz TDD 频段的载波带宽为 100 MHz，上下行时隙配比为 1∶4。通过观察图 4-9 中的结果可知，第二种和第三种载波配置模式均优于第一种载波配置模式，也就是说上下行解耦可以大幅度提升用户的上行吞吐量。这种性能的提升一方面是由于 SUL 载波提供的额外的带宽，能够传输更多的信息，另一方面是由于 SUL 载波的传输损耗较低，可以有效提升覆盖和边缘用户的吞吐量。在上行速率达到 1 Mbps 的时候，第二种载波配置模式低速率用户比例最低，也就是说，第二种载波分配模式是最优的，这主要是由于 0.8 GHz 附近频段的 SUL 载波传输损耗较小，可以有效提升用户的覆盖。但是，在高吞吐量的时候第三种载波配置模式是最优的了，这主要是由于 1.8 GHz 附近频段的 SUL 载波带宽是 20 MHz，而第二种载波配置模式的 0.8 GHz 附近频段的 SUL 载波带宽是 10 MHz，更大的带宽可以提升高吞吐量的用户的占比。通过上下行解耦技术，频谱使用效率和上下行覆盖得到了有效提升。

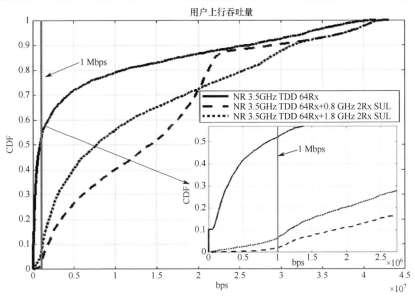

图 4-9　用户上行吞吐量统计对比

4.2.3　挑战三：TDD 上下行切换周期同时满足传输效率与业务低时延

在 TDD 系统中，上下行时隙是非连续分配的[3]，上下行之间需要切换时间点用于上下行之间的切换，该切换点在目前的系统设计中存在一定的周期性，因而上行或者下行资源在时间上并不是连续的，下行的数据到达基站后需要等到有下行时隙才能够在空口上进行发送，而其对应的上行反馈需要等到上行时隙的时刻才能反馈，上行数据也需要在上行时隙进行发送，而不像 FDD 系统那样数据能够随时到达并发送。因此上行数据传输和反馈的延时在 TDD 系统中需要给予特别的考虑。

为了达到快速数据传输和反馈的目标，上下行传输需要进行频繁地切换，因此 5G-NR 在一开始就提出了自包含子帧的帧结构设计[10, 11]，这种设计是将上下行均包含在同一个子帧或时隙（15 kHz 子载波间隔的时隙长度为 1 ms，30 kHz 子载波间隔的时隙长度为 0.5 ms）中，自包含子帧时隙结构示意图如图 4-10 所示。在该时隙的前端为下行控制信息，用于调度其后的下行数据；在该子帧的后端是上行时隙，用于传输上行反馈信息或者上行业务的控制。为了防止在上下行切换过程中，上下行信号由于终端与基站之间的距离造成上行提前发送、下行滞后接收而对彼此产生干扰，下行传输和上行传输之间会有一定的保护间隔，例如，在时分长期演进（Time Division Long Term Evolution，TD-LTE）系统中，通常需要约 2 个 OFDM 符号的保护间隔。

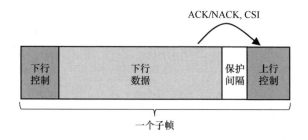

图 4-10　自包含子帧时隙结构示意图

自包含的时隙结构可以使能用户迅速地进行上行反馈，减小反馈时延。但是这种时隙结构存在着两个问题，一个是频繁的上下行切换会浪费大量的时频资源来作为保护间隔，从而增大了系统开销，降低了传输效率和频谱利用率。以 1 ms 的上下行切换周期为例，保护间隔会占用多达 14.3%的资源，而 TD-LTE 中 5 ms 的上下行切换周期，保护间隔开销大约为 2.8%，但是在 TD-LTE 中无法保证低时延服务。因此，如何在保证低时延的情况下提升传输效率也是亟待解决的问题。另外一个问题是，这种时隙结构需要用户在很短的时间内解调下行数据并准备好上行反馈信息，因此只适用于性能较强的用户。也就是说，在考虑了频谱利用率的情况下，uRLLC 业务的时延在只部署于 C-band 的 TDD 系统中是很难满足的。

在上下行解耦技术中，C-band 与 SUL 组成一个 5G-NR 小区，由于 SUL 为连续上行载波，上行时隙是连续的，可以极大地缩短反馈时延，因此 uRLLC 业务的上行可以承载在 SUL 载波上降低上行时延。TDD 载波仍然可以采用较大的上下行切换周期，以此降低切换保护间隔开销和使用较多的下行时隙比例，同时保证上下行传输和反馈时延，这样能够有效地减少上下行切换带来的开销，也因为 C-band 下行时隙比例的提升从而提升了 C-band 的频谱利用效率，更好地将 uRLLC 和 eMBB 业务融合在一个小区中，从而通过同一个小区的配置来同时支持多种业务，以及满足速率、时延和覆盖等不同的需求。不同帧结构的 RTT 时延对比如图 4-11 所示。

在图 4-11 中，对比了不同上下行切换周期和上下行解耦系统的反馈时延和由此带来的开销，可以看出对于仅有 TDD 载波的系统而言，5 ms 切换周期的往返时延为 3.31 ms，这对于某些 uRLLC 业务而言是无法忍受的。而对于 1 ms 上下行切换周期的自包含帧结构系统，往返时延可以减小到 2.67 ms，但是开销占比却达到了 14.3%，严重地影响了系统的频谱使用效率。TDD+SUL 系统，由于 SUL 载波上行时隙连续，所以其往返时延减少到 2 ms 或 1.5 ms，同时其开销占比仅为 2.86%。因此，上下行解耦能够有效地提升整体频谱使用效率，且同时满足低时延需求。

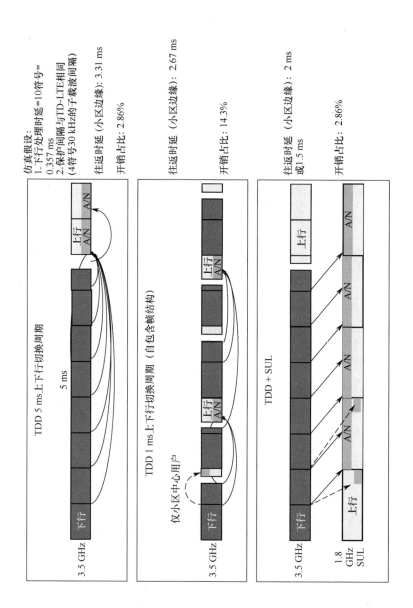

图 4-11 不同帧结构的 RTT 时延对比

4.2.4　挑战四：站点规划同时满足无缝连续覆盖与合理部署成本

对于 5G-NR 的早期非独立组网部署，成本、站点资源和传输资源的可获得难易程度决定了网络部署的速度。5G-NR 可以利用目前 LTE 网络中已经有的站点资源进行部署，按照上述分析，如果 5G-NR 只用 C-band 频谱部署，其上行覆盖与 LTE 的小区覆盖有较大的差距，5G-NR 只利用现有 LTE 站点资源不能做到 C-band 覆盖的连续性。因此，如果 5G-NR 全部依赖已有的 LTE 站址的部署模式需要拉齐 LTE 和 5G-NR 上行的覆盖范围，才能够提供 5G 的连续覆盖。覆盖的需求需要在已有的 LTE/NR 共用站址的基础上再增加新的 5G 基站的部署，这种方案的一个重要缺陷是：5G 的早期投入大，需要额外增加大量的 5G 新站点的部署，将增加 5G 的部署成本，拉长部署周期。

为了克服上述的一些覆盖问题，3GPP 在 5G 标准制定的初期阶段就确定了利用 LTE 来辅助 5G 的通信模式，即如前所述的非独立组网部署模式；也有运营商认为，5G 也可以通过加密站点进行连续的组网，因此 5G 的这两种部署模式都得到了支持。

上下行解耦技术是一种有效提升 5G-NR 小区上行覆盖的技术，尤其是独立组网场景下 5G-NR 小区上行覆盖的提升，在非独立组网模式中也能体现出上下行解耦对于网络覆盖的提升，并提高了用户的体验。LTE/NR 共站部署时用户切换示意图如图 4-12 所示，图中的 5G-NR C-band 小区的上行覆盖受限，其覆盖范围小于 LTE 小区，因此非独立组网模式受限于 5G-NR 的覆盖，其覆盖与 C-band 5G-NR 小区相同。当用户穿越不同小区边界的时候，在 LTE 小区和 5G-NR 小区间会频繁地切换，而不同接入技术之间的切换时延（100 ms）是远大于相同接入技术的小区间切换时延的。例如图 4-12 左侧为当 UE 穿越独立组网小区时，会发生的 LTE 和 5G-NR 之间的切换。

当引入上下行解耦后，从图 4-12 右侧可知，5G-NR 小区和 LTE 小区的覆盖范围相同，这样仅在没有部署 5G-NR 基站的小区边界才会产生 LTE 和 5G-NR 之间的切换，极大地提高了用户的体验。

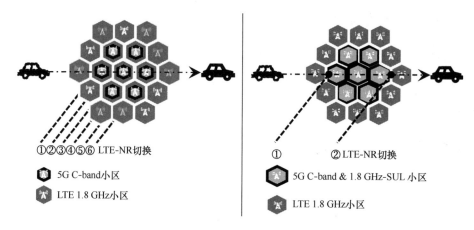

①②③④⑤⑥ LTE-NR切换
① ②LTE-NR切换

🔷 5G C-band小区
🔷 5G C-band & 1.8 GHz-SUL 小区

🔶 LTE 1.8 GHz小区
🔶 LTE 1.8 GHz小区

图 4-12 LTE/NR 共站部署时用户切换示意图

参 考 文 献

[1] L. Wan et al.4G/5G Spectrum Sharing: Efficient 5G Deployment to Serve Enhanced Mobile Broadband and Internet of Things Applications[J]. IEEE Vehicular Technology Magazine, 2018, Volume: 13 , Issue: 4，Page s: 28-39.

[2] 3GPP. Technical Report 38.901. Study on channel model for frequencies from 0.5 to 100 GHz (Release 15)[R/OL]. http://www.3gpp.org/ftp/Specs/archive/38_series/38.901/.

[3] 3GPP. New Radio (NR). User Equipment (UE) radio transmission and reception Part 1: Range 1 Standalone: Technical Specification 38.101 [S/OL]. 2018-09-27. http://www. 3gpp.org/ftp/Specs/archive/38_series/38.101/.

[4] 3GPP. New Radio (NR). Physical channels and modulation: Technical Specification 38.211 [S/OL]. 2018-09-27. http://www.3gpp.org/ftp/Specs/archive/38_series/38.211/.

[5] 3GPP. New Radio (NR). Multiplexing and channel coding: Technical Specification 38.212 [S/OL]. 2018-09-27. http://www.3gpp.org/ftp/Specs/archive/38_series/38.212/.

[6] 3GPP. New Radio (NR). Physical layer procedures for control: Technical Specification 38.213[S/OL]. 2018-09-27. http://www.3gpp.org/ftp/Specs/archive/38_series/38.213/.

[7] 3GPP. New Radio (NR). Physical layer procedures for data: Technical Specification 38.214 [S/OL]. 2018-09-27. http://www.3gpp.org/ftp/Specs/archive/38_series/38.214/.

[8] 3GPP. Evolved Universal Terrestrial Radio Access (E-UTRA); Physical channels and

modulation: Technical Specification 36.211[S/OL]. 2018-09-27. http://www.3gpp.org/ftp/ Specs/archive/36_series/36.211/.

[9]　ITU. Report ITU-R M.2370-0. IMT traffic estimates for the years 2020 to 2030[R]. 2015-07.

[10] Ericsson. RWS-150009, 5G - key component of the Networked Society[R/OL]. 2015-09. http://www.3gpp.org/ftp/workshop/2015-09-17_18_ran_5g/Docs/.

[11] Q. Wang et al. Enhancing OFDM by Pulse Shaping for Self-Contained TDD Transmission in 5G[J]. Nanjing:2016 IEEE 83rd Vehicular Technology Conference (VTC Spring), 2016-05:1-5.

第 5 章　5G-NR 组网模式和上下行解耦应用场景

5G-NR 的网络组成与 LTE 相似，主要包括两个部分：无线接入网（Radio Access Network，RAN）和核心网（Core Network）。无线接入网主要由基站组成，为用户提供无线接入功能。核心网则主要为用户提供互联网接入服务和相应的管理功能等。部署新的网络的投资是巨大的，无线接入网和核心网都需要单独部署。在 5G-NR 的部署初期阶段，为了加快商用部署节奏，3GPP 定义了两种 5G-NR 的部署模式，分别为独立组网（Standalone，SA）和非独立组网（Non-Standalone，NSA）部署模式。当 5G 独立组网时，核心网采用 5G 新型核心网——下一代核心网（Next Generation Core Network，NGCN）。无线系统则可以直接采用支持 5G 新空口的 5G 基站（gNodeB，gNB），或者将 LTE 的 4G 基站（eNodeB，eNB）升级到增强的长期演进（Enhanced Long Term Evolution，eLTE）的 eNB，来支持下一代核心（Next Generation Core，NGC）的连接。在 5G 非独立组网模式中，核心网可以为 EPC（Evolved Packet Core，即 4G 核心网络），也可以为 NGC，如果运营商首先部署 5G 核心网的话，也可以升级 LTE eNB 到 eLTE eNB，来实现 eLTE eNB 与 5G gNB 之间的双连接[1, 2, 3, 9]。

2018 年 3 月，5G 的非独立组网标准第一个版本正式冻结。2018 年 6 月，5G 的独立组网版本实现冻结。

5.1　5G-NR 非独立组网模式

非独立组网模式,是 5G-NR 与 LTE 的核心网和空口共存协作的组网模式，LTE 与 5G-NR 基于双连接技术进行联合组网，也是 LTE 与 5G-NR 之间的紧耦合（Tight-interworking）。在网络架构中的基站分为主站和从站，与核心网进行控制面命令传输的基站为主站。3GPP 标准化了 12 种组网模式选项，其中选项 3/3a/3x、7/7a/7x、4/4a 为非独立组网构架，这些组网模式选项架构中只存在一种核心网，LTE 设备和 5G-NR 设备都直接或者间接地连接到该核心网设备[1]。非独立组网模式网络架构示意图如图 5-1 所示。

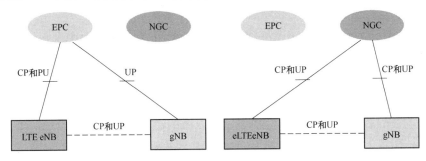

图 5-1　非独立组网模式网络架构示意图

在非独立组网模式下，LTE 和 5G-NR 可以采用共站址部署模式，也可采用非共站址部署模式，LTE/NR 部署站址示意图如图 5-2 所示，在图 5-2 中的 5G-NR 基站可作为宏站，与现有的 LTE 基站共站部署，提供重叠覆盖；5G-NR 基站也可作为微站，与现有的 LTE 基站共站或非共站部署，解决室内或热点覆盖。

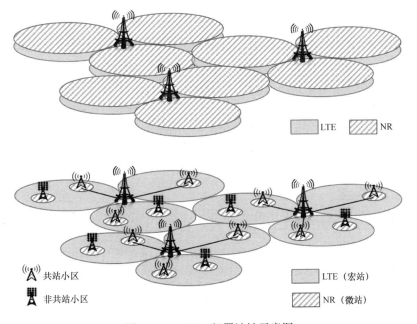

图 5-2　LTE/NR 部署站址示意图

非独立组网部署模式根据不同的网络架构选项可以分为三个阶段：

➤ 4G 基站和 5G 基站共用 4G 核心网，eNB 为主站，gNB 为从站，控制面信令通过 4G 通道至 EPC；

➤ 4G 基站和 5G 基站共用 5G 核心网，eNB 仍然为主站，gNB 为从站，控制面信令通过 4G 基站至 5G 核心网；

➤ 4G 基站和 5G 基站共用 5G 核心网，gNB 为主站，eNB 为从站。

非独立组网对物理层的影响主要体现在功率控制方面，因为 UE 总的发送功率是有限的，所以在双连接中存在着 LTE 和 5G-NR 共享 UE 发送功率的情况，本书的后续章节中将会就功率控制方面的影响进行详细的介绍。非独立组网中的上下行解耦在时延和上行吞吐量方面也具有诸多优点，其将在本章节进行详细介绍。

5.1.1 5G-NR 非独立组网模式选项

5.1.1.1 5G-NR 非独立组网选项 3/3a/3x

5G-NR 非独立组网的网络部署采用 LTE 核心网，不需新的 5G 核心网，采用 EPC 连接支持 5G 功能的无线系统即可。非独立组网选项 3/3a 示意图如图 5-3 所示，这种模式下，控制面经由 LTE 系统连接到 EPC。由 LTE 的 eNB 作为主基站，它的优势是可以利用已部署的 LTE 的 EPC 完成核心网的接入，抢占 5G 先发优势，但由组网方式可以看出，必须对 LTE 基站进行改造升级，以便于支持非独立组网模式。在这种模式下，连接到 EPC 时，需采用 S1-C 和 S1-U 接口。

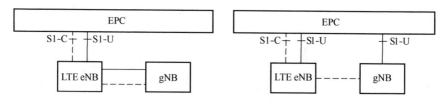

图 5-3 非独立组网选项 3/3a 示意图

LTE 作为主基站又存在不同的选项，即选项 3、3a 和 3x，不同的选项的区别在于用户面存在的多种连接方式[1, 4]。

● 选项 3

5G 用户面经由 LTE 的 eNB 连接到 EPC，5G-NR 的数据也经由 LTE 基站路由到核心网，因此 LTE 基站需具备处理 5G-NR 数据流量的能力。但是，5G-NR 的设计目标是更大的带宽和更高的吞吐量，由于传统的 LTE 基站处理数据的能力有限，需要对现有的 LTE 基站进行硬件升级改造，变成增强型 LTE 基站，LTE 基站为主站，新部署的 5G-NR 基站作为从站。

● 选项 3a

5G 和 LTE 的用户面都直接连接到 EPC，选项 3a 由主演进的 NodeB（Master evolved NodeB，MeNB）控制用户面分流，但 5G-NR 基站的数据则直接路由到核心网，因此 LTE 基站只负责信令的处理，而不负责 5G-NR 的数据处理，从而不需要处理更大量的数据，对现有在网的 LTE 设备更友好。

● 选项 3x

非独立组网选项 3x 示意图如图 5-4 所示，5G 用户面通过 LTE 基站 5G-NR 基站同时连接到 EPC，3x 也是考虑到 5G 大带宽和高流量的特性而引入的，它将数据流分成两个部分，一部分经由 LTE 基站路由到核心网，而 LTE 不能处理的部分则通过 5G-NR 基站直接路由到核心网，它可以降低对 LTE 无线系统的影响，有助于降低数据的重传率，提升业务的性能。

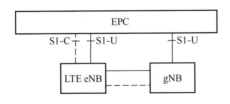

图 5-4　非独立组网选项 3x 示意图

5.1.1.2　5G-NR 非独立组网选项 4/4a

非独立组网选项 4/4a 示意图如图 5-5 所示。在非独立组网选项 4/4a 中，由 5G-NR 的 gNB 作为主基站，UE 的控制面承载于 5G-NR 基站上，并与 5G 的核心网设备 NGCN 相连接。选项 4/4a 的差别也在于用户面的业务数据分流方式的不同。在选项 4 中，4G 基站的用户面和控制面分别通过 5G-NR 基站传输到 5G 核心网。在选项 4a 中，LTE 基站的用户面直接连接到 5G 核心网，控制面仍然从 5G-NR 基站传输到 5G 核心网。不同的架构对于 LTE 基站和 5G-NR 基站的处理能力是不同的。可以看出，与选项 3 中的 LTE 不同的是，选项 4/4a 的 LTE 侧为 eLTE，它能够连接 5G 核心网的 LTE 基站，而连接到 LTE 核心网的 LTE 基站名称保持不变[1, 4]。与选项 3/3a/3x 相比，选项 4 使用的是 5G 核心网，能够提供更多的 5G 业务。

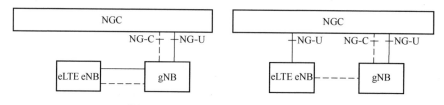

图 5-5　非独立组网选项 4/4a 示意图

5.1.1.3　5G-NR 非独立组网选项 7/7a/7x

非独立组网选项 7/7a/7x 示意图如图 5-6 所示。选项 7 和选项 3 类似，唯一的区别是将选项 3 中的 4G 核心网变成了 5G 核心网，传输方式是一样的。在这里，与非独立组网选项 4/4a 共同的是基站连接到 NGCN 时，需采用 NG-C 和 NG-U 接口[1, 4]。

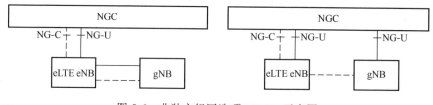

图 5-6　非独立组网选项 7/7a/7x 示意图

5.1.2　5G-NR 上下行解耦的非独立组网

在上下行解耦技术中，5G-NR 在一个小区中配置了两个上行载波，即一个 SUL 载波和一个普通的 UL 载波。SUL 载波的频谱的来源可参见有关频谱章节中的描述，SUL 载波的频谱可以为 LTE FDD 的上行频谱，或者专有的上行频谱资源。在非独立组网模式下，从 LTE 和 5G-NR 共享频谱的角度又可以划分为网络侧上行共享（Uplink Sharing from Network Perspective，ULSNP）和 UE 侧上行共享（Uplink Sharing from UE Perspective，ULSUP）。LTE 和 5G-NR

的上行频谱共享还可以分为时分复用（Time Division Multiplexing，TDM）模式和频分复用（Frequency Division Multiplexing，FDM）模式[5, 6]。

5.1.2.1　上下行解耦网络侧频谱共享

严格来讲，网络侧的频谱共享与非独立组网没有直接关系，网络侧频谱共享可以支持非独立组网模式也可以支持独立组网模式。从频谱共享的角度来看，非独立组网模式中上下行解耦 LTE/NR 网络侧上行频谱共享示意图如图 5-7 所示。

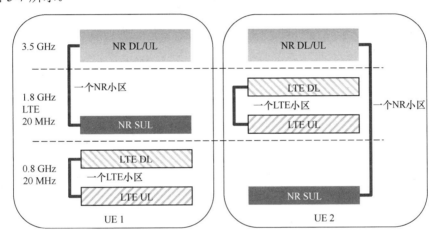

图 5-7　非独立组网模式中上下行解耦 LTE/NR 网络侧上行频谱共享示意图

在非独立组网中上下行解耦的网络侧频谱共享是指：一个配置为非独立组网模式的 UE，包括 LTE 侧和 5G-NR 侧配置，5G-NR 侧包含 SUL 载波配置，SUL 的载波与该 UE 的 LTE 侧上行载波频率不同，而与其他至少一个 UE 的 LTE 侧载波频率相同。在图 5-7 中，UE1 和 UE2 都是配置为非独立组网模式的 UE，并且两个 UE 的 5G-NR 侧都配置了 SUL 载波，UE1 的 LTE 上行在 800 MHz 频段上，而其 SUL 载波在 1800 MHz 频段上，UE2 的 SUL 上行载波与 UE1 的 LTE 上行载波的频点载波相同，而 UE2 的 SUL 载波频点与自己的 LTE 上行载波的频点不同。因此从单个 UE 来看，其 LTE 的上行载波与自己的 SUL 载波不存在频谱共享，而从网络侧来看，UE1 或 UE2 的 SUL 上行与对方的 LTE 上行载波存在共享频谱的关系，因此该种配置模式为上下行解耦的网络侧频谱共享。

从网络侧来看，5G-NR 和 LTE 的不同 UE 间共享了同一段频谱，频谱共享的方式可以是半静态 FDM、TDM 的资源共享，也可以是动态的资源共享。动态的频谱资源共享能够最大化频谱利用效率，半静态的频谱资源共享有利于来自不同厂商的 LTE 和 5G-NR 设备进行频谱共享。对于 FDM 共享和 TDM 共享方式，TDM 共享方式对 LTE 侧的影响较大，因为对于 FDD 的 LTE，每个上行子帧都对应一个下行子帧数据信道传输的上行反馈，如果某些上行子帧被 5G-NR 占用，那么对应的 LTE 下行子帧数据传输由于缺少反馈也会受到影响；而 FDM 方式不存在这种问题，FDM 方式能够保持 LTE 调度反馈等时序不受影响，因此推荐使用 FDM 的频谱共享配置。

对于一个配置为上下行解耦的非独立组网模式的 UE 来说，存在着 5G-NR 侧 SUL、普通 UL 和 LTE 侧 UL 三个上行载波，上行载波在发送上行信号时有功率的共享问题，我们在后续章节中将进行详细介绍。

在网络侧，5G-NR 的 SUL 与 LTE 上行载波的共享主要为 FDM 方式，FDM 共享存在多种方式，上下行解耦网络侧上行半静态 FDM 方式 LTE/NR 频谱共享示意图如图 5-8 所示，LTE 和 5G-NR 通过无线资源控制（Radio Resource Control，RRC）的高层信令预先配置各自的调度频域资源范围，在中长期的时间范围内，所占用的频域资源不变，除非进行了半静态重配置。

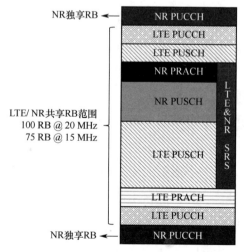

图 5-8 上下行解耦网络侧上行半静态 FDM 方式 LTE/NR 频谱共享示意图

　　网络通过配置 5G-NR 和 LTE 共享的频率位置确定出共享频谱的图样，共享频谱的图样可以通过基站之间的接口进行协商。如果 LTE 和 5G-NR 的设备来自一个生产厂商，那么还可以通过上行调度进行 LTE 和 5G-NR 间的动态 FDM 的频谱共享。上下行解耦网络侧上行动态 FDM 方式 LTE/NR 频谱共享示意图如图 5-9 所示。

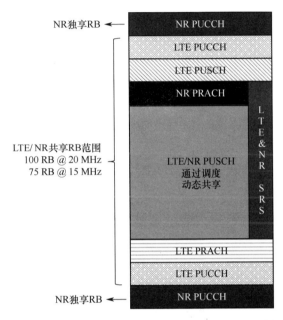

图 5-9　上下行解耦网络侧上行动态 FDM 方式 LTE/NR 频谱共享示意图

　　动态共享和半静态共享相比，能够最大化上行资源的利用率。另外，LTE 和 5G-NR 能够采用相同的 OFDM 参数，两者子载波是可以做到互相正交的，避免了两个系统在共享频谱时的相互间干扰，不需要在两个系统调度频域资源间放置保护频带，因此能够最大化频谱共享的性能和频谱的利用率。关于 LTE 和 5G-NR 频谱共享时的子载波正交和物理资源块（Physical Resource Block，PRB）的对齐的概念将在本书的关键技术章节中进行详细的介绍。

　　此外，LTE 也标准化了窄带物联网（Narrow Band Internet of Things，NB-IoT）等 IoT 技术[7, 8]，5G-NR 和 LTE IoT 在上行的 FDM 频域共载波共存在标准上也是可能的，关于这部分内容也将在后续的章节中进行详细的介绍。

5.1.2.2 上下行解耦的 UE 侧频谱共享

上下行解耦 UE 侧上行频谱共享示意图如图 5-10 所示。与网络侧频谱共享相似的是，UE 侧频谱共享在网络侧看来一定也是 LTE 和 5G-NR 共享了同一段上行频谱，而 UE 侧频谱共享更多强调在配置了 SUL 的非独立组网模式的同一个 UE 来看，其 LTE 侧和 5G-NR 侧也共享了同一段上行频谱。这类 UE 的配置中包括三个上行载波和两个下行载波，其中 LTE 的上行和 5G-NR 的 SUL 共享了同一段频谱，也存在着 TDM 和 FDM 两种频谱共享方式。

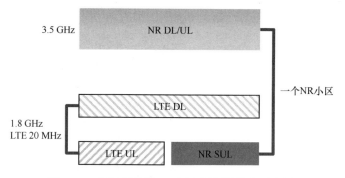

图 5-10　上下行解耦 UE 侧上行频谱共享示意图

在 UE 侧频谱共享场景中，上行信号的发送涉及 UE 发送功率在三个上行载波之间的分配，为了确保最大化发送功率效率，提升覆盖，UE 侧多个上行载波的 TDM 发送模式是一种有效的频谱共享方式。

上下行解耦 LTE/NR 在 UE 侧以时分方式共享上行频谱资源如图 5-11 所示，LTE 的上行和 5G-NR 的 SUL 虽然在同一个频点上发送，但在时间维度上是错开不重叠的，分别占用了不同的上行子帧，这样 LTE 和 5G-NR 都能够充分使用 UE 的功率进行上行发送，避免两者之间因抢占上行功率而造成其中一侧的载波发送功率不足和覆盖损失的问题，从而对 LTE 和 5G-NR 的覆盖影响降到最低。

采用 TDM 的上下行解耦方案，从上行业务来看，上行发送依然是时间连续的发送，因此其上行速率覆盖不会由于 LTE 和 5G-NR 之间的功率共享而造成影响。

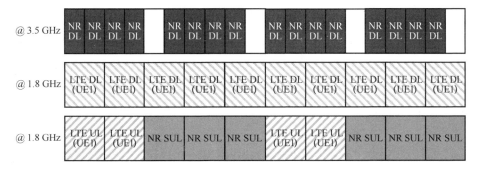

图 5-11　上下行解耦 LTE/NR 在 UE 侧时分方式共享上行频谱资源

由于 LTE 的下行业务依赖 LTE 的上行控制信道进行反馈，为了不影响 LTE 的下行业务，LTE 协议也进行了相应增强，在本书的后续章节中将进行详细的介绍。

5.2　独立组网部署模式

在 5G 独立组网的时候，采用端到端的 5G 网络架构，从终端、无线新空口到核心网都采用了 5G 相关标准，支持 5G 各类接口，实现 5G 各项功能，提供 5G 各类业务。这种方式下，核心网采用 5G NGCN，无线系统可以是 5G gNB，也可以是 LTE eNB 升级后的 eLTE eNB，它们分别对应架构选项 2 和架构选项 5。

5G-NR 独立组网方式网络架构示意图如图 5-12 所示。当采用 gNB 与 NGCN 组网时，对应的是架构选项 2。将 LTE eNB 升级到 eLTE eNB 后连接到 5G 核心网，对应架构选项 5。

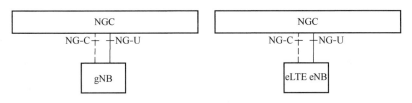

图 5-12　5G-NR 独立组网方式网络架构示意图

5G 独立组网可以降低对现有 4G 网络的依赖性，便于提供 5G 类业务，提升用户的感知。但是，在独立组网时还要考虑提供热点覆盖还是连续覆盖的问题。当提供热点覆盖时，5G 与 LTE 之间的重选或者切换过程可能影响到性能，而在连续覆盖的情况下，现有新的 5G 可用频谱是否能够提供良好覆盖也是个问题。

在采用 5G 独立组网时，如前所述，因为频段较高，所以要进行连续覆盖存在一定的难度。比如，国内初步明确采用 3.5 GHz 和 4.9 GHz 进行 5G 建设，相对于 LTE 的 2.6 GHz 而言，其路损增加，因此覆盖范围会有所减少。虽然可以通过波束赋形等手段进一步改善，但是仍然存在上行覆盖受限的问题，从而需要建设更多的基站。目前，国内在 5G 独立组网的探索过程中，希望与 LTE 共基站建设，在不使用上下行解耦的情况下其挑战会非常大。目前讨论的各类型解决方案中，如采用 4 天线终端、将终端发射功率加倍、采用 900 MHz 或者 1800 MHz 独立进行上行接入等方式，都有待进一步验证，但这也意味着连续覆盖和共基站建设的难度有所增加。因此，上下行解耦是一个非常有价值的、能有效提升 5G 独立组网场景的覆盖技术。

5.2.1 5G-NR 单频段独立小区组网

5G-NR 单频段独立小区组网沿用了 LTE 系统中的 TDD、FDD 和 SDL 模式。其中，在 TDD 小区中，上行载波与下行载波位于同一个频点；在 FDD 小区中，上行载波与下行载波位于同一频段中的不同频点；在 SDL 小区中，仅包含一个下行载波，此处不再赘述。

5.2.2 上下行解耦独立组网

在独立组网模式中的上下行解耦在前文中已有介绍，每个 5G-NR 小区包括多个上行载波，其中一个上行载波为 SUL 载波，SUL 载波的来源可以是一段专有的上行载波，也可以是与 LTE 共享的一段上行载波，5G-NR 独立组网模式中上行与 LTE 频谱共享如图 5-13 所示，为独立组网中上下行解耦的 SUL 载波的部署方式。

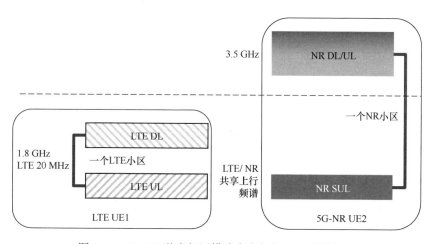

图 5-13　5G-NR 独立组网模式中上行与 LTE 频谱共享

5.2.2.1　SUL 与现有 LTE 共享上行载波

在当前基站中 LTE 系统已经首先部署,其上行载波与 5G-NR 上下行解耦的 SUL 载波共用一个频点,通过动态或者半静态时频资源共享方式共享频谱。在这种情况下,动态 FDM 共享方式是一种效率更高、对现有 LTE 网络和用户性能影响最小的共享方式。通过 FDM 共享方式,LTE 和 5G-NR 在上行方向都有时间连续的传输资源,因此其时序不会受到影响。

需要注意的是,在 FDM 共享方式中,LTE 的一些半静态配置的资源需要 5G-NR 在配置和调度时能够避让。以 LTE 的物理上行控制信道(Physical Uplink Control Channel,PUCCH)为例,在有 LTE 用户下行业务调度的时候,其上行的 PUCCH 资源上将会反馈对应的上行控制信息,因此在有 LTE 下行业务的时候需要 5G-NR 对 LTE 的 PUCCH 资源进行避让。但是,当 LTE 没有下行业务时,其 PUCCH 资源是空闲的,就可以被 5G-NR 调度用于上行业务传输,因此即使对于 LTE 的半静态配置的资源,5G-NR 也可以根据其是否使用而动态地进行共享。

5.2.2.2　独立上行 SUL 载波

在独立上行 SUL 载波部署中,该上行载波上只有 5G-NR 信号传输,没有 LTE 信号,频谱不与 LTE 用户进行共享。但值得注意的是,在各个国家和地区的实际频谱分配中,不存在没有对应下行的上行频谱,因此,与该 SUL 对应的下行频谱可以通过载波聚合的方式用于下行传输。LTE 通过下行载波聚合方式预留上行频谱用于 SUL 载波，如图 5-14 所示。

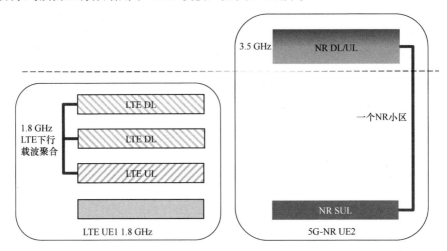

图 5-14　LTE 通过下行载波聚合方式预留上行频谱用于 SUL 载波

5.2.2.3　SDL 与 SUL 组成的上下行解耦

在目前 LTE 和 5G-NR 的频段定义中，都定义了一些 SDL 频段，也就是说，该频段只有下行频段，没有对应的上行频段[5, 10]。因此在 LTE 网络部署的时候，SDL 频段只能部署载波聚合中的下行辅载波小区，用于提升下行的传输速率，而不能像普通的载波一样提供初始接入和主载波小区的功能，因此其商业价值比普通载波要小。在 5G-NR 中，为了提升 SDL 频段的价值，提出了 SDL 与 SUL 组合成独立小区的上下行解耦的概念，这样在一个独立的小区中采用 SDL 作为下行广播信号传输的承载，SUL 作为上行随机接入的承载，从而 SDL 可以提供初始接入的功能，并且能够作为主小区存在，大大提升 SDL 频段的通信价值和频谱使用效率。同时，SUL 的载波来源可以是与 LTE 上行共享载波，也可以是独立的 SUL 载波，但共享载波模式更能够体现 SDL 的价值。SDL 与 SUL 组成的完整小区，如图 5-15 所示。

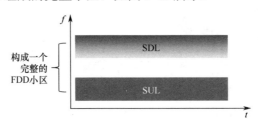

图 5-15　SDL 与 SUL 组成的完整小区

5.2.2.4　上下行解耦与载波聚合及双连接对比

上下行解耦主要解决了 5G-NR 小区单独依赖于 C-band 建网上行覆盖受限的问题，达到与现有低频 LTE 网络共基站址和相同覆盖、减少 C-band 组网站点数目、降低网络部署成本的目的。在 5G-NR 中已有一类技术也具备相似的功能，那就是 C-band 5G-NR 小区与低频 5G-NR 小区的载波聚合技术或双连接技术，通过低频 5G-NR 小区提供上行覆盖，达到与上下行解耦相似的目的。虽然上下行解耦和载波聚合以及双连接可以进行结合，但是本节重点分析上下行解耦和没有上下行解耦的载波聚合/双连接技术的差异，以及对运营商建网的影响。5G-NR 频谱聚合的不同方式如图 5-16 所示。

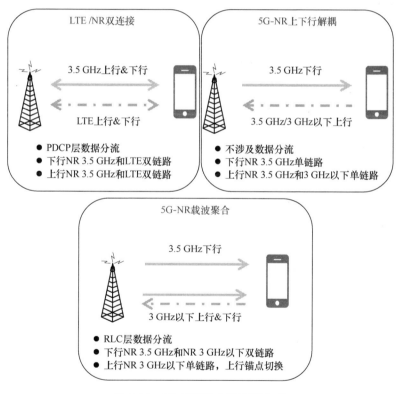

图 5-16　5G 频谱聚合的不同方式

- 频谱资源需求

从频谱方面来看，上下行解耦、LTE/NR 双连接和 5G-NR 载波聚合频谱需求见表 5-1。

表 5-1 上下行解耦、LTE/NR 双连接和 5G-NR 载波聚合频谱需求

上下行解耦	LTE/NR 双连接	5G-NR 载波聚合
➤ C-band TDD 频谱 ➤ 3 GHz 以下上行载波频谱	➤ LTE 上行载波频谱 ➤ LTE 下行载波频谱 ➤ C-band TDD 载波频谱	➤ 3 GHz 以下 5G-NR 上行载波频谱 ➤ 3 GHz 以下 5G-NR 下行载波频谱 ➤ C-band TDD 载波频谱

从表 5-1 中可以看出，LTE/NR 双连接和 5G-NR 载波聚合都需要在 3 GHz 以下频率范围内并有完整的上下行频谱。

对于 LTE/NR 双连接技术，3 GHz 以下频谱上需要 LTE 系统的部署，这在当前时期各运营商的网络建设中比较容易满足，因此 5G 的第一批商用部署基本上都为 LTE/NR 的双连接部署。

对于 5G-NR 载波聚合技术来说，在 3 GHz 以下频谱上需要部署 5G-NR，这在 5G 建网的前中期是很难满足的，很多运营商对于 3 GHz 以下频谱的 2G/3G/4G 网络退网和 5G-NR 的部署尚不明确，因此 5G-NR 的高低频载波聚合技术对于频谱的门槛要求较高。

对于 3 GHz 以下频谱上的 5G-NR 部署，可以参考本书介绍的上下行 LTE/NR 共享的方案，这种方案主要是为在 C-band 上没有大量频谱的运营商提供的一种低频 5G-NR 的部署方案，在低频段上采用这种方案需要与 LTE 共享下行的频谱。LTE 系统秒级的下行 PRB 利用率统计分布如图 5-17 所示，可以看出 LTE 基站在许多时间内的下行时频利用率达到 80%以上甚至接近 100%，这是由于目前网络中存在大量的 LTE 用户和 LTE 下行业务，LTE 的下行业务比较繁忙，LTE 的下行载波利用率较高，因此与 5G-NR 共享下行频谱不仅会影响 LTE 用户的下行性能体验，也不能稳定地保证 5G-NR 用户的性能，通过 LTE/NR 上下行共享下行频谱的局限性较大。进一步来说，虽然下行能够通过共享频谱获得，但是不能提供有效的 5G-NR 下行业务，而且需要部署独立的 5G-NR 网络设备，因此过大的开销和较低的收益也是影响该部署方案的重要的方面。

对于上下行解耦技术而言，其所需要的频谱为一个 C-band 上的 TDD 载波和一个 3 GHz 以下的频谱上的上行载波，上行频谱可以通过与 LTE 的上行频谱共享获得，而且 LTE FDD 网络上行方向上的业务量很轻，所以在上行方

向与 5G-NR 共享频域资源既能为 5G-NR 提供上行覆盖,也能提升该频谱的频谱利用效率,对存量 LTE 终端的上行业务体验几乎没有影响,因此上下行解耦的频谱也很容易获得。

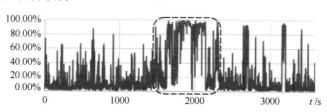

图 5-17　LTE 系统秒级的下行 PRB 利用率统计分布

可见,LTE/NR 双连接和上下行解耦容易获得频谱资源,而 5G-NR 的高低频载波聚合在 3 GHz 以下频谱上获得频谱资源的门槛较高。

- 3 GHz 以下上行小区负载

上下行解耦能够获得 3 GHz 以下上行频谱的关键是与 LTE 共享上行频谱,而共享上行频谱的前提条件是 LTE 的上行方向业务量较轻,共享部分时频资源给上下行解耦对存量网络中 LTE 用户体验没有明显的影响。

对于 LTE FDD 系统而言,上下行的频谱带宽是相同的,然而现实中上下行业务严重不对称,这种不对称导致了 LTE 上行频谱利用率很低。图 5-18 给出了四个运营商网络中 LTE FDD 频谱上下行频段的频谱资源利用率统计,通过对比可以看出下行频谱利用率几乎都在 40%以上,而上行频谱利用率平均在 10%左右。

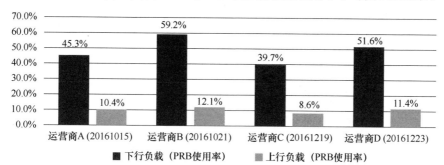

图 5-18　运营商网络 LTE FDD 频谱上下行频段的频谱利用率统计

频谱是非常重要和昂贵的资源,而 LTE 所使用的低频段资源更为稀缺,上下行解耦能够提升低频段的上行频谱使用效率,提升 5G-NR 的上行覆盖,对存量 LTE 终端上行用户体验影响微小。

- 用户体验速率

对于在实际场景中存在的大量小包业务，上下行解耦也能够极大地提升用户下行小包业务的感知速率，因为 CA/DC 添加和激活辅小区需要较长的时间，大约几百毫秒（包括辅载波测量上报、添加和激活过程），当小包到达时，CA/DC 添加和激活 3.5 GHz 载波（以低频+3.5 GHz 为例）的过程还没有完成，小包便从主载波传输完成了，因此小包不能享受到额外载波所带来的吞吐量增益。而上下行解耦中用户的 3.5 GHz 载波始终处于激活中，因此可直接大带宽下行传输。上下行解耦与载波聚合用户体验比较如图 5-19 所示，图中对传输不同的业务包大小的不同技术进行了对比。

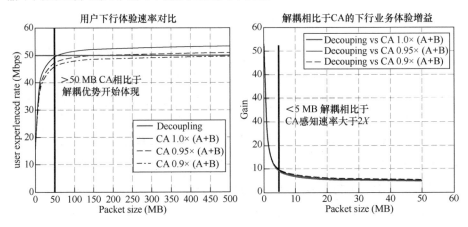

图 5-19　上下行解耦与载波聚合用户体验比较

由分析结果可知，数据量越小（<50 MB），5G-NR 上下行解耦相对于 5G-NR 的 CA 的用户体验速率增益越大；随着数据量增加，CA 优势开始体现，但若分流效率低于 0.9（A+B），CA 和上下行解耦下行的用户体验速率是相近的（通常远点分流，协同增益低于近点约 10%）。

- 交调

UE 发射机的非线性器件会产生一系列的谐波及其组合频率的干扰分量，当该干扰分量与有用信号频率相近时，会对接收机产生较为严重的干扰，这种干扰称为交调干扰[11]。交调干扰是由两路同时发送的上行信号产生的，其交调干扰恰好落入其接收频点，如图 5-20 所示。例如，LTE/NR 双连接支持的频段组合为 LTE_4DL/1UL CC（B1,3,7,20）+ NR_1DL/1UL CC（3.4～3.8 GHz）。此时，当 LTE 和 5G-NR 上行信号通过不同的射频链路同时发送时，交调干扰信号恰好与 LTE FDD 的下行频段相同，因此会严重干扰 LTE 下行接收信号，降低用户的接收灵敏度，3GPP 在 TS 38.101 中定义了最大灵敏度下降（Maximum Sensitivity Degradation，MSD）指标，对存在交调的情形下 UE 的灵敏度指标进行了定义。例如，5G-NR 发射机端产生的 LTE 频段 3（1710～1785 MHz）的二次谐波和 5G-NR 上行频段的 5 阶互调会恰好落入频段 7（2620～2690 MHz）中，其干扰强度可以达到接收的有用信号的 20 dB 以上。不同 LTE 频谱与 5G-NR Band n78 组合的干扰情况见表 5-2，表中列举了某些典型的 LTE/NR 频段组合产生交调干扰的情况。由于与 C-band 组成双连接的 LTE 频谱频段 3（Band 3），也是很多运营商的高价值频谱，因此交调干扰是 LTE/NR 双连接时需要重点解决的问题。

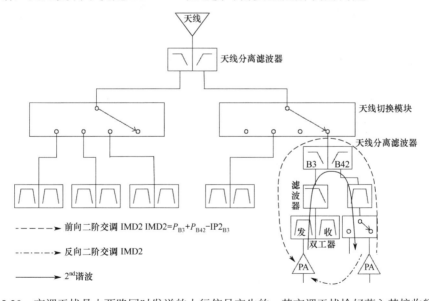

图 5-20　交调干扰是由两路同时发送的上行信号产生的，其交调干扰恰好落入其接收频点

表 5-2　不同 LTE 频谱与 5G-NR Band n78 组合的干扰情况

LTE 频率（f_x）	5G-NR 频率（f_y）	交调干扰来源	受干扰的频段
B1	3.3～3.8 GHz	IMD2, IMD4, IMD5	IMD2: Band1, f_y-f_x IMD4: Band1, $3\times f_x-f_y$ IMD5: Band1, $2\times f_y-3\times f_x$

（续表）

LTE 频率(f_x)	5G-NR 频率（f_y）	交调干扰来源	受干扰的频段
B3	3.3~3.8 GHz	IMD2, IMD4, IMD5	IMD2: Band3, f_y-f_x IMD4: Band3, $3\times f_x-f_y$ IMD5: Band3, $2\times f_y-3\times f_x$
B5		IMD4	Band 5, $f_y-3\times f_x$
B8		IMD4	Band 8, $f_y-3\times f_x$
B20		IMD4	Band 20, $f_y-3\times f_x$
B28		IMD5	Band 28, $f_y-4\times f_x$
注：IMDx 为 x 阶互调			

虽然在目前的协议中规定了 MSD 交调干扰对于接收机的影响[12, 13]，但是接收机灵敏度的下降会导致覆盖范围的萎缩，严重影响系统性能，而且这种办法只能被动适应交调干扰，并没有从根本上解决交调干扰的问题。在发射机实现的方法中也有着一系列的方案可以抑制交调干扰，比如，将同时发送信号的两个射频链路物理隔离，采用时分复用的方式进行上行发送，采用单向器或隔离滤波器等。但是，用户终端无论在尺寸还是在功耗上都不太适合使用隔离或增加隔离滤波器等方法。

对于上下行解耦的 LTE/NR 双连接用户，SUL 与 LTE 共享相同的频段，为了进一步抑制交调干扰的产生，LTE 和 5G-NR 同时共享了上行发送波形以及射频链路，因此 LTE 和 5G-NR 同时发送信号时不会产生影响下行接收的交调干扰。另外，对于同一个用户而言，3.5 GHz 5G-NR 频段与 LTE 频段采用时分双工的方式进行上行传输，同样避免了交调干扰的产生[12]。

5.3 从 LTE 向 5G–NR 的演进路线

考虑到 5G 的频谱分配，运营商的 LTE 网络部署、5G 技术的快速成熟、LTE/NR 的互操作和 LTE 的演进等因素，不同的网络架构可能被运营商在不同的阶段进行选择。因此，在网络演进方面存在着多种可能的演进路线，这些演进路线可以帮助运营商将其网络以低成本平滑演进到目标网络架构。以下一些网络演进的假设分析可能对网络的演进有一些帮助：

> 选项 2 将是 5G 网络的最终部署目标；
> 选项 3 可能在选项 2 前存在相当长的时间；
> 选项 5 和选项 2 可能在 5G 核心网部署以后并存一段时间；
> 选项 4/4a/7/7a 只在选项 2 和选项 5 部署以后出现，这是因为它们都依赖于 5G 核心网的部署，选项 4 和 4a 需要 5G-NR 在低频段上的部署。

考虑到以上因素，下面介绍 5 种 5G 网络部署的演进路线，如图 5-21 所示。

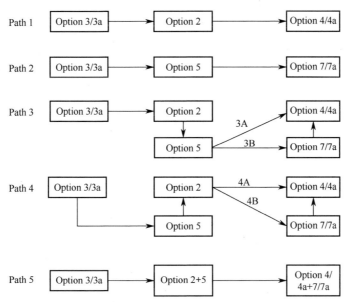

图 5-21　5G 部署网络演进路线

● 路线 1

第一步，在现有 LTE 网络的基础上，部署非独立组网的 5G-NR 网络，并且将 LTE 网络作为主控网络来实现 LTE 与 5G-NR 的紧耦合，可采用选项 3 或 3a 的架构；第二步，部署独立组网的 5G-NR 网络，并将其连接到 NGCN，即采用选项 2 的架构，从而能够支持一些 5G 的新业务，如网络切片、边缘计算、uRLLC 等；第三步，在低频段被开放给 5G-NR 使用之后，可以采用选项 4 或 4a 的架构。此时，NR 网络将作为主控网络来实现 LTE 与 5G-NR 的紧耦合，同时 LTE 网络也需要升级以通过 Ng1-U 接口连接到 NGCN。

- 路线 2

第一步，在现有 LTE 网络的基础上，部署非独立组网的 5G-NR 网络，并且将 LTE 网络作为主控网络来实现 LTE 与 5G-NR 的紧耦合，可采用选项 3 或 3a 的架构；第二步，将 LTE 网络进行升级，并将其连接到 NGCN；第三步，将升级后的 LTE 网络作为主控网络来实现 LTE 与 5G-NR 的紧耦合，即采用选项 7 或 7a。

- 路线 3

第一步，在现有 LTE 网络的基础上，部署非独立组网的 5G-NR 网络，并且将 LTE 网络作为主控网络来实现 LTE 与 5G-NR 的紧耦合，可采用选项 3 或 3a 的架构。第二步，部署独立组网的 5G-NR 网络，并将其连接到 NGCN，即采用选项 2 的架构，从而能够支持一些 5G 的新业务，如网络切片、边缘计算、uRLLC 等。第三步，将 LTE 网络进行升级，并将其连接到 NGCN。第四步，如果低频段已经开放给 5G-NR 使用，则可以直接采用选项 4 或 4a 的架构，即 NR 网络作为主控网络来实现 LTE 与 5G-NR 的紧耦合；如果低频段还未开放给 5G-NR 使用，则可以先采用选项 7 或 7a 的架构进行过渡，先利用升级后的 LTE 网络作为主控网络来实现 LTE 与 5G-NR 的紧耦合，待低频段开放给 5G-NR 使用后，再采用选项 4 或 4a 的架构。

- 路线 4

第一步，在现有 LTE 网络的基础上，部署非独立组网的 5G-NR 网络，并且将 LTE 网络作为主控网络来实现 LTE 与 5G-NR 的紧耦合，可采用选项 3

或 3a 的架构。第二步，将 LTE 网络进行升级，并将其连接到 NGCN。第三步，部署独立组网的 5G-NR 网络，并将其连接到 NGCN，以支持 5G 的新业务。第四步，如果低频段已经开放给 5G-NR 使用，则可以直接采用选项 4 或 4a 的架构，即 NR 网络作为主控网络来实现 LTE 与 5G-NR 的紧耦合；如果低频段还未开放给 5G-NR 使用，则可以先采用选项 7 或 7a 的架构进行过渡，先利用升级后的 LTE 网络作为主控网络来实现 LTE 与 5G-NR 的紧耦合，待低频段开放给 5G-NR 使用后，再采用选项 4 或 4a 的架构。

- 路线 5

第一步，在现有 LTE 网络的基础上，部署非独立组网的 5G-NR 网络，并且 LTE 网络作为主控网络来实现 LTE 与 5G-NR 的紧耦合，可采用选项 3 或 3a 的架构；第二步，在部署独立组网的 5G-NR 的同时，也将 LTE 网络进行升级，并且将 5G-NR 和升级后的 LTE 网络分别连接到 NGCN；第三步，选项 4 或 4a 与选项 7 或 7a 同时存在，即 NR 网络和升级后的 LTE 网络都可以作为主控网络来实现 LTE 与 5G-NR 的紧耦合。

5.4　LTE/NR 同频段共存

5G-NR 定义了与 LTE 部分频段相同的频段作为 5G-NR 的频段，并且频段号与 LTE 对应的频段号相同，这些频段既可以用于 5G-NR 的部署也可以用于 LTE 的部署，因此在同一个频段上可能存在 LTE 和 5G-NR 同时存在的部署场景。在这种 LTE/NR 同频段部署场景下存在多种共存方式，主要分为两大类：一类是 LTE 和 5G-NR 分别有专用的带宽，但其在同一个频段上相邻部署；另一类是频谱共享方式的共存，LTE 和 5G-NR 共享的频谱可以是一个 LTE 载波的带宽，也可以是一个 LTE 载波的部分带宽。LTE/NR 同频段共存的频谱关系如图 5-22 所示。

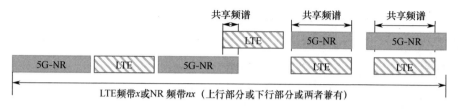

图 5-22　LTE/NR 同频段共存的频谱关系

5.4.1　LTE/NR 同频共存

在 5G-NR 的部署早期，LTE 用户比例仍然很大，尤其是在低频段，频段带宽较窄，运营商频谱不多，非常宝贵，且基本已被 LTE 网络部署使用，如果在现有 LTE 网络的低频率频段上部署 5G-NR 基站需要将现有 LTE 设备替换，关闭 LTE 的载波，从而面临着 LTE 用户体验下降，5G-NR 载波由于初期 5G-NR 用户数量不多使用效率不高的问题，因此除了关闭 LTE 网络，5G-NR 还提供了一种 LTE 与 5G-NR 共享频谱的方案，LTE 和 5G-NR 能够在同一段重叠的带宽上动态共存，既保证了 LTE 用户的体验又支持 5G-NR 用户，方便运营商将低频频段逐步平滑地释放给 5G-NR，做到了 LTE 和 5G-NR 在低频频段上的平滑过渡。5G-NR 标准在上下行共存共享中定制了对应的关键特性，例如，5G-NR 的 UE 可以通过配置不在 LTE 的小区参考信号（Cell-specific Reference Signal，CRS）上映射下行数据，同步信号可以放置于两个连续 LTE CRS 之间的 OFDM 符号上等，相关关键特性将在后续章节中进行详细的介绍。

5.4.2　LTE/NR 邻频共存

5G-NR 与 LTE 的同频段共存根据不同的频段有不同的要求，在成对的频谱中，因为使用了 FDD 双工方式，在一个频段中 LTE 和 5G-NR 都是上行或者都是下行，因此，只需要基站和终端设备的发射机和接收机满足 RAN4 制定的射频指标要求即可。而对于非成对频谱使用了 TDD 双工方式，由于在同一个频段中允许上行和下行发送和接收，如果基站发送功率较大，LTE 基站在发送时 5G-NR 基站在接收，两个系统间将会产生比较严重的基站间上下行的干扰，因此为了避免这种干扰，在 LTE 部署的成对频谱中，同一个频段的 5G-NR 配置的收发时间应与 LTE 的收发同步，或者不产生相互间的干扰。对于邻频共存的 5G-NR 设计和配置将在后续章节中进行详细的介绍。

参 考 文 献

[1] 3GPP. NR; Architecture description: Technical Specification 38.401 [S/OL]. [2018-09-24. http://www.3gpp.org/ftp/Specs/archive/38_series/38.401/.

[2] 3GPP. NR; Study on new radio access technology; Radio access architecture and interfaces: Technical Report 38.801 [R/OL]. 2017-04-03. http://www.3gpp.org/ftp/Specs/archive/38_series/38.801/.

[3] Alliance, N. G. M. N. 5G white paper[R]. Next generation mobile networks, white paper (2015): 1-125.

[4] 3GPP. Evolved Universal Terrestrial Radio Access (E-UTRA) and NR; Multi-connectivity; Stage 2: Technical Specification 37.340 [S/OL]. 2018-09-25. http://www.3gpp.org/ftp/Specs/archive/37_series/37.340/.

[5] 3GPP. NR; User Equipment (UE) radio transmission and reception; Part 1: Range 1 Standalone: Technical Specification 38.101-1 [S/OL]. 2018-10-03. http://www.3gpp.org/ftp/Specs/ archive/38_series/38.101-1/.

[6] 3GPP. NR; User Equipment (UE) radio transmission and reception; Part 3: Range 1 and Range 2 Interworking operation with other radios: Technical Specification 38.101-3 [S/OL]. 2018-10-03. http://www.3gpp.org/ftp/Specs/archive/38_series/38.101-3/.

[7] 3GPP. Evolved Universal Terrestrial Radio Access (E-UTRA); Physical channels and modulation: Technical Specification 36.211 [S/OL]. 2018-09-27. http://www.3gpp.org/ftp/Specs/archive/36_series/36.211/.

[8] 3GPP. Evolved Universal Terrestrial Radio Access (E-UTRA); Physical layer procedures: Technical Specification 36.213 [S/OL]. 2018-10-01. http://www.3gpp.org/ftp/Specs/archive/36_series/36.213/.

[9] 3GPP. Study on eNB(s) Architecture Evolution for E-UTRAN and NG-RAN: Technical Report 37.876 [S/OL]. 2018-05-07. http://www.3gpp.org/ftp/Specs/archive/37_series/37.876/.

[10] 3GPP. Evolved Universal Terrestrial Radio Access (E-UTRA); User Equipment (UE) radio

transmission and reception: Technical Specification 36.101 [S/OL]. 2018-10-02. http://www. 3gpp.org/ftp/Specs/archive/36_series/36.101/.

[11] Apple Inc. Uplink sharing in NSA mode: R1-1708276 [R/OL]. 3GPP TSG RAN WG1 meeting 89，2017-05. http://www.3gpp.org/ftp/tsg_ran/WG1_RL1/TSGR1_89/Docs/.

[12] Huawei and Hisilicon. On IMD issue for LTE NR DC band combinations: R4-1707994 [R/OL]. 3GPP TSG RAN WG4 meeting 84，2017-08. http://www.3gpp.org/ftp/tsg_ ran/WG4_Radio/TSGR4_84/Docs/.

[13] NTT DOCOMO Inc. MSD for combinations including 3.5 GHz, 4.5 GHz and 28 GHz: R4-1707511 [R/OL]. 3GPP TSG RAN WG4 meeting 84，2017-08.http://www.3gpp.org/ftp/ tsg_ran/WG4_Radio/TSGR4_84/Docs/.

第 6 章 3GPP Release 15 上下行解耦的空口接入机制

6.1 初始接入

6.1.1 SUL 小区模型

5G-NR 系统中保留了 LTE 系统中物理小区标识（Physical Cell Identity，PCI）这一概念，并且沿用了 LTE 系统中利用下行同步信号承载 PCI 的方法，同时 5G-NR 也对 PCI 的个数进行了扩充，从 LTE 的 504 个扩展到了 1008 个。LTE 系统有三种不同类型的小区，即 TDD 小区、FDD 小区和 SDL 小区，其结构示意图如图 6-1 所示；对于 TDD 小区和 FDD 小区，UE 仅有一个可用的上行载波；而对于 SDL 小区，UE 在该小区中没有可用的上行载波，需要通过其他小区的上行载波发送上行信息。

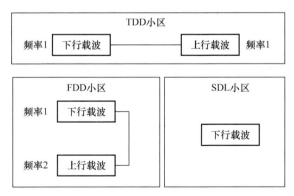

图 6-1 TDD 小区、FDD 小区和 SDL 小区结构示意图

LTE 系统支持上行 CA 技术，一个 LTE UE 能够同时被配置多个小区的上行载波，从而该 UE 能在多个上行载波上发送上行信号。但是，在初始接

入主载波的过程中，UE 需要通过检测下行同步信号来选择初始接入的小区，并且 UE 只能在所选定小区的唯一上行载波上发起随机接入，即 UE 在进入连接态之前，可用的上行载波是唯一的。在 UE 进入连接态之后，基站可以通过 RRC 层信令为 UE 配置多个辅小区，之后再通过 MAC 层信令将配置的辅小区进行激活或去激活。对 UE 而言，只有被激活小区中的上行载波才可用。

针对使用 C-band 的 TDD 载波，其上行覆盖相比于下行覆盖往往会有较大的差距，这将大幅度降低小区中 UE 随机接入的成功率，甚至导致处于小区边缘的 UE 无法接入到小区。为此，5G-NR 系统将 SUL 载波定义为小区的公共上行载波，将 SUL 载波与 TDD/FDD/SDL 载波进行关联组合，并且该 SUL 载波与组合的 TDD/FDD/SDL 载波共用同一个 PCI，即 SUL 与 TDD/FDD/SDL 载波属于同一个服务小区。采用此种设计，能够让空闲态的 UE 既可以在频率较低的 SUL 载波上发起随机接入，也可以从高频率的 TDD/FDD/SDL 载波上随机接入，有利于提升 UE 随机接入的成功率。

另外，相比 CA 机制聚合多个载波的方法，单小区模型不仅初始接入的性能更优，在连接态下也利于 UE 在小区内的上行载波间快速切换。典型的 SUL 应用配置是 UE 在两个载波上都配置了上行资源：UE 的 SRS 被配置在高频 TDD 上行载波上，基站可利用 SRS 估计 TDD 下行载波的 MIMO 信道，以获取更高的下行波束成形增益。蜂窝边缘用户上行覆盖受限，其物理上行控制信道（Physical Uplink Control Channel，PUCCH）和物理上行共享信道（Physical Uplink Shared Channel，PUSCH）配置在低频 SUL 载波上，以提升上行业务的覆盖。蜂窝中心用户上行覆盖不受限，其 PUCCH/PUSCH 可配置在高频 TDD 上行载波上，以获得上行大带宽吞吐量的提升。因此，用户在移动时，有必要随自身相对基站的地理位置变化而改变 PUCCH/PUSCH 的上行载波配置。在单小区模型下的两个上行载波都可以是主载波，用户无须重配置下行主载波，可快速完成同一小区内上行载波的重配置。

因此，5G-NR 针对 SUL 载波与 TDD 载波组合，定义了一种全新的小区类型，其包括一个下行载波和两个上行载波，明显有别于传统 LTE 的

TDD/FDD/SDL 小区结构。

在 5G-NR Release 15 版本中，完成了 TDD 与 SUL 载波的频段组合以及 SDL 与 SUL 载波的频段组合。对于 TDD 与 SUL 组合的小区，该小区中包括一个下行载波和两个上行载波；而对于 SDL 与 SUL 载波的组合，其结构与现有 FDD 结构类似，区别在于 SDL 载波与 SUL 载波属于不同的频段，二者之间的频率差值较大，而 FDD 中的上行载波与下行载波属于同一频段，频率差值较小。TDD+SUL 小区和 SDL+ SUL 小区结构示意图如图 6-2 所示。

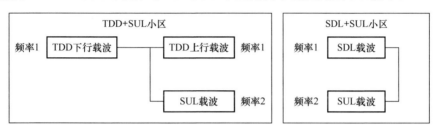

图 6-2　TDD+SUL 小区和 SDL+SUL 小区结构示意图

6.1.2　单小区上行两载波参数配置

5G-NR 系统中引入了带宽部分（Bandwidth Part，BWP）的概念，以支持 UE 灵活的带宽分配，对 UE 节能也有一定的好处。UE 的物理信道映射在 BWP 上。当 UE 通过搜索同步信号并确定所要驻留的小区之后，UE 需要先发起随机接入与网络建立连接，在随机接入过程中使用到的 BWP 名为初始 BWP（Initial BWP），UE 只能够在初始上行 BWP 上发起随机接入。网络会在系统消息中携带小区中上行载波的配置信息并广播给 UE，包括频率位置、子载波间隔、载波带宽等，同时还会广播上行载波中的初始上行 BWP 的配置信息。

对于工作在 TDD 或 FDD 双工模式下的 5G-NR 网络，为了让小区中的 UE 能够成功接入网络，网络必定会在 TDD 上行载波上或 FDD 上行载波上配置初始上行 BWP。此处的 TDD 上行载波和 FDD 上行载波与后文中的 SUL 同小区的 TDD 载波中的上行统称为普通上行 UL 载波或 UL。对于配置了 SUL 载波的主小区，该小区关联的基站可以在系统消息中通过 "uplinkConfigCommon"

和 "supplementaryUplink" 信令字段向小区内的所有 UE 广播 UL 载波和 SUL 载波的公共上行配置信息,在 UL 载波和 SUL 载波的配置信息中可以分别携带各自的初始上行 BWP 的配置信息,即在 UL 载波和 SUL 载波上能够分别独立配置一个初始上行 BWP。

因此,对于配置了 SUL 载波的小区,当网络希望小区中的 UE 能够在 SUL 载波上发起随机接入时,则必须在 SUL 载波上配置初始上行 BWP,并且在该初始上行 BWP 上需要配置随机接入资源,否则 UE 则无法在 SUL 载波上进行随机接入。

6.1.3　上行随机接入载波选择

上下行解耦中 UL 和 SUL 载波都能让 UE 进行上行随机接入,当 UE 在系统消息块(System Information Block,SIB)中解析到 supplementaryUplink 消息时,UE 即可获知该小区中存在一个 SUL 载波,并根据相应的配置参数在 UL 载波或者 SUL 载波上发起上行随机接入。对于配置了 SUL 载波的小区,当网络分别在 UL 载波和 SUL 载波上的初始接入 BWP 上都配置了随机接入资源时,UE 可以从 UL 载波和 SUL 载波中选择一个上行载波进行随机接入。

从单用户的随机接入成功率的角度出发,小区中的所有 UE 都会倾向在 SUL 载波上发起随机接入。因为 SUL 载波的频率比 UL 载波的频率更低,UE 在 SUL 载波上向网络发送随机接入前导码以及其他上行信号所经历的路径损耗小于在 UL 载波上发送时的路径损耗,所以当 UE 采用相同的发送功率分别在 SUL 载波和 UL 载波上发送随机接入前导码时,网络在 SUL 载波上接收到的随机接入前导码的功率更高,从而能获得更好的检测性能。因此,对于位于小区边缘覆盖较差的 UE,在 SUL 载波上进行随机接入能够大幅度地提升接入成功率。

另外,5G-NR Release 15 版本中定义的 SUL 频段组合中的 UL 载波通常在高频频段,如 3.5 GHz、4.9 GHz 的 C-band,而 SUL 载波往往在低频频段,如 900 MHz、1.8 GHz 附近频段。相比于低频频段中可用的带宽,各个国家在 C-band 中分配给无线通信使用的频谱的带宽更大,所以同一小区中的 UL 载波的带宽通常都会大于 SUL 载波的带宽，这样位于小区中心的 UE 从 UL 载波进行随机接入就能享受到更多的上行资源。基于此，SUL 载波上的随机接入资源应该尽可能地分配给小区边缘覆盖受限的 UE，尽量保证处于小区边缘 UE 的随机接入性能，避免出现中断；而位于小区中心的 UE 则可以在 UL 载波上进行随机接入。

考虑到在 UE 发起随机接入之前，网络无法感知到 UE 的存在，显然也无法通过信令配置的方法来为小区中心和小区边缘这两类 UE 配置不同上行载波中的随机接入资源。

为了解决该问题，5G-NR 系统中采用了让 UE 自行选择上行载波的机制：网络会在 SUL 载波的配置信息中额外携带一个 RSRP 阈值，UE 可以根据在该小区中的下行载波上测量获得的 RSRP 值与该 RSRP 阈值的大小关系来确定自身位于小区中心还是小区边缘，从而选择合适的上行载波发起随机接入。基于测量 RSRP 的上行载波选择机制示意图如图 6-3 所示。具体地说，在用户发起随机接入之前，可以测量同步信号块（Synchornization Signal Block，SSB）或信道状态信息参考信号（Channel State Information Reference Signal，CSI-RS），以获得 RSRP 值，然后，UE 将该 RSRP 值与系统消息中的 RSRP 阈值进行比较，当通过测量获得的 RSRP 值小于 RSRP 阈值时，则 UE 选择 SUL 载波上的随机接入资源发送随机前导码，即通过 SUL 载波进行随机接入；当通过测量获得的 RSRP 值大于或等于 RSRP 阈值时，则 UE 选择 UL 载波上的随机接入资源发送随机前导码，即通过 UL 载波进行随机接入。通常，RSRP 值较小的 UE 很大概率位于小区边缘位置，而 RSRP 值较大的 UE 往往位于小区中心区域，所以使用上述载波选择机制能够达到让位于小区边缘的 UE 在 SUL 载波上发送随机前导码的目的，以提升其随机接入的成功率。此外，上述 SUL 载波配置信息中携带的 RSRP 阈值与 UE 测量获得的 RSRP 有相同的指令取值范围，即 RSRP 阈值可设置的取值范围较大，这让网络能够非常灵活地选择所配置的 RSRP 阈值，以满足不同 SUL 频段组合的需求。另外，对于小区中 SUL 载波与 UL 载波带宽不同的情况，也能够更灵活地进行负载均衡[16]。

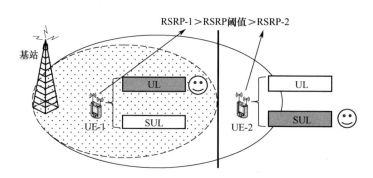

图 6-3　基于测量 RSRP 的上行载波选择机制示意图

　　上述机制适用于基于竞争的随机接入（Contention Based Random Access）流程，而对于非竞争的随机接入流程，尤其针对处于连接态的 UE，网络可以直接向 UE 发送专用的下行控制信息（Downlink Control Information，DCI）来触发 UE 发送随机接入前导码。在 5G-NR 系统中，用于触发 UE 发送随机接入前导码的 DCI 复用了 DCI 格式 1_0，当 DCI 格式 1_0 的循环冗余校验（Cyclic Redundancy Check，CRC）采用小区无线网络临时标识（Cell Radio Network Temporary Identifier，C-RNTI）加扰，且该 DCI 中的频域资源分配域的取值设置为全 1 状态时，则 UE 将该 DCI 解读为用于触发发送随机接入前导码的命令 DCI。在该 DCI 中，除包含用于指示 UE 应使用的随机接入前导码索引的指示域，用于指示 UE 确定物理随机接入信道（Physical Random Access Channel，PRACH）资源对应的 SSB 索引的指示域，以及用于指示 PRACH 时域位置索引的指示域之外，对于配置了 SUL 载波的 UE，该 DCI 还会携带用于指示 UE 发送随机接入前导码的上行载波的指示域，该指示域为 1 比特的字段，"0"值指示 UL 载波，而"1"值指示 SUL 载波。当 UE 接收到该 DCI 时，则会根据该 1 比特的字段的取值来确定在 UL 载波还是在 SUL 载波上发送随机接入前导码。

6.1.4　SUL 的 PRACH 配置

　　对于随机前导码的设计，5G-NR 系统中沿用了 LTE 系统中使用的以"Zadoff-Chu"（Zadoff-Chu，ZC）命名的序列作为基序列，以获得良好的自相关和互相关特性。为了满足小区覆盖的需求，在 5G-NR 中支持了以长度为 839

的 ZC 序列作为基序列的长序列格式的随机前导码,并且在子载波间隔方面,也支持与 LTE 中相同的 1.25 kHz。与此同时,对于长序列格式的随机前导码,5G-NR 系统在支持 1.25 kHz 子载波间隔的基础上,还支持 5 kHz 的子载波间隔,以支持更高的移动速度和更高的载波频率(在相同速度下,载波频率越高,多普勒频移越大),满足车联网、高铁等应用场景的需求。进一步,考虑到低时延一直是 5G-NR 系统设计时考量的重要指标之一,仅支持长序列格式的随机前导码会使得 UE 随机接入的时间较长,不利于满足 UE 的低时延需求。为此,5G-NR 还支持以长度为 139 的 ZC 序列作为基序列的短序列格式的随机前导码,以缩短 UE 随机接入的时间。对于长序列格式的随机前导码,5G-NR Release 15 版本中支持 4 种格式,包括 1.25 kHz 和 5 kHz 两种子载波间隔,并且对应的随机前导码所占用的时间为整数个子帧,具体参见表 6-1。

表 6-1　基于长度为 839 基序列的随机接入前导格式[1]

格式	L_{RA}:序列长度	Δf^{RA}:子载波间隔	N_u:OFDM 符号长度	N_{CP}^{RA}:循环前缀长度	支持的限制集合类型
0	839	1.25 kHz	24576κ	3168κ	Type A, Type B
1	839	1.25 kHz	$2\times24576\kappa$	$2\times21024\kappa$	Type A, Type B
2	839	1.25 kHz	$4\times24576\kappa$	4688κ	Type A, Type B
3	839	5 kHz	$4\times6144\kappa$	3168κ	Type A, Type B

注:这里的 k 为固定值 64。

对于短序列格式的随机接入前导码,其子载波间隔为 15 kHz 的整数倍,目前协议支持 15 kHz、30 kHz、60 kHz、120 kHz 的子载波间隔,UE 发送随机接入前导码所使用的子载波间隔由网络进行配置。5G-NR Release 15 版本中支持的基于长度为 139 基序列的随机接入前导格式可参见表 6-2。

表 6-2　基于长度为 139 基序列的随机接入前导格式[1]

格式	L_{RA}:序列长度	Δf^{RA}:子载波间隔	N_u:OFDM 符号长度	N_{CP}^{RA}:循环前缀长度	支持的限制集合类型
A1	139	$15\times2^\mu$ kHz	$2\times2048\kappa\times2^{-\mu}$	$288\kappa\times2^{-\mu}$	—
A2	139	$15\times2^\mu$ kHz	$4\times2048\kappa\times2^{-\mu}$	$576\kappa\times2^{-\mu}$	—
A3	139	$15\times2^\mu$ kHz	$6\times2048\kappa\times2^{-\mu}$	$864\kappa\times2^{-\mu}$	—
B1	139	$15\times2^\mu$ kHz	$2\times2048\kappa\times2^{-\mu}$	$216\kappa\times2^{-\mu}$	—

（续表）

格式	L_{RA}：序列长度	Δf^{RA}：子载波间隔	N_u：OFDM符号长度	N_{CP}^{RA}：循环前缀长度	支持的限制集合类型
B2	139	$15 \times 2^{\mu}$ kHz	$4 \times 2048\kappa \times 2^{-\mu}$	$360\kappa \times 2^{-\mu}$	—
B3	139	$15 \times 2^{\mu}$ kHz	$6 \times 2048\kappa \times 2^{-\mu}$	$504\kappa \times 2^{-\mu}$	—
B4	139	$15 \times 2^{\mu}$ kHz	$12 \times 2048\kappa \times 2^{-\mu}$	$936\kappa \times 2^{-\mu}$	—
C0	139	$15 \times 2^{\mu}$ kHz	$2048\kappa \times 2^{-\mu}$	$1240\kappa \times 2^{-\mu}$	—
C2	139	$15 \times 2^{\mu}$ kHz	$4 \times 2048\kappa \times 2^{-\mu}$	$2048\kappa \times 2^{-\mu}$	—

注：这里的 k 为固定值 64。

从上表可以看出，短序列格式的随机前导码可以只占用相对较少的符号，其时间长度不大于对应子载波间隔的一个时隙，从而相比于长序列格式的随机前导码，能够有效地缩短随机接入的时间。

网络在系统消息中会向整个小区中的 UE 广播 PRACH 资源的配置信息，该配置信息中包括 PRACH 的随机前导码格式和 PRACH 资源位置信息。对于长序列的随机前导码格式，网络通知的 PRACH 时域资源位置信息包括系统帧号、子帧号；而对于短序列的随机前导码格式，网络通知的时域资源位置信息还包括子帧中 PRACH 的时隙个数，每个 PRACH 时隙中可用的 PRACH 资源的个数，以及 PRACH 资源的起始符号位置。

5G-NR 中针对 FDD 模式和 TDD 模式分别定义了不同的 PRACH 资源配置集合。因为 FDD 模式的帧结构配置较为单一，上行资源在时域上连续，协议中只需定义不同时间密度的 PRACH 资源配置，以适应不同网络负载的情况。而对于 TDD 模式，网络中可用的 PRACH 资源还受限于所配置的帧结构中上行时间资源的比例，若 TDD 直接复用与 FDD 相同的 PRACH 配置，则在网络配置的帧结构中的上行时间资源较少时，会导致网络中可用的 PRACH 资源不足，尤其在小区中的 UE 较多、负载较高的情况下，将大幅度地增加小区中 UE 发送随机接入前导的冲突概率，降低随机接入性能。因此，相比于 FDD 模式，5G-NR 为 TDD 模式设计了更多不同的 PRACH 资源配置选项，以满足不同 TDD 帧结构配置的需求。

对于 SUL 载波，从频谱使用的角度看，其与 FDD 的上行载波都为全上行载波，即所有时间资源都可用于上行传输，因此，5G-NR 协议规定 FDD 的上行载波和 SUL 载波使用相同的 PRACH 配置选项。

6.1.5　随机接入响应

随机接入响应（Random Access Response，RAR）用于网络调度已发送过随机接入前导码的 UE，继续向网络发送更多的上行接入信息。UE 在向网络发送了随机接入前导码之后，需要从网络接收 RAR，以确定后续发送上行接入信息的信息块大小和所使用的时频资源位置。在监听 RAR 的过程中，UE 会尝试在高层配置的一个时间窗内监听用随机接入无线网络临时标识（Random Access Radio Network Temporary Identifier，RA-RNTI）加扰的 DCI 格式 1_0。对于 UE 监听 RAR 的时间窗，其起始位置为 UE 发送的随机接入前导码占用的最后一个符号之后的，第一个配置了类型 1（type 1）的物理下行控制信道（Physical Downlink Control Channel，PDCCH）的公共搜索空间（Common Search Space，CSS）的控制资源所对应的时频资源位置，RAR 时间窗示意图如图 6-4 所示。另外，RAR 时间窗的长度则是以时隙为单位由网络通过高层信令配置给 UE，并且时间窗对应的时隙粒度由类型 1 的 PDCCH 的 CSS 对应的子载波间隔确定。

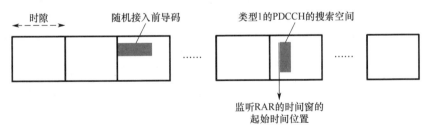

图 6-4　RAR 时间窗示意图

在上下行解耦中，虽然 5G-NR 支持一个小区中的 UL 载波和 SUL 载波配置不同的子载波间隔，但是 UE 监听 RAR 的配置并未根据 UE 所选择的发送随机前导码的上行载波的不同而采用不同的配置，即无论 UE 从 SUL 载波还是从 UL 载波发起随机接入，UE 监听 RAR 的资源都是相同的。

LTE 系统中 RA-RNTI 的计算公式只与 UE 发送随机前导码所采用

PRACH 资源所在的子帧序号和频域资源序号相关。但是在上下行解耦中，考虑到网络为 UL 载波和 SUL 载波配置的 PRACH 资源是相互独立的，并且每个上行载波上配置的 PRACH 资源也是独立编号的，对于配置了 SUL 载波的小区，若 RA-RNTI 的计算只与 PRACH 资源的时域序号和频域序号相关，则会导致选择不同上行载波发送随机接入前导码的两个 UE 计算出相等的 RA-RNTI，从而使得这两个 UE 可能错误地将对方的 RAR 当作自己的 RAR 进行处理。

为了让 UE 能够正确地识别在时间窗内接收到的 RAR，协议需要确保在不同上行载波上使用相同编号的 PRACH 资源向网络发送随机接入前导码的 UE 计算出的 RA-RNTI 互不相同。因此，5G-NR 中的 RA-RNTI 的计算公式相比于 LTE 的公式增加了上行载波的标识。另外，考虑到 5G-NR 中新引入的短序列格式的随机接入前导码可以只占用若干个符号，相应地，RA-RNTI 的计算公式中需要与 PRACH 资源所在的符号序号相关，但其实质仍然是与资源的时域序号相关。

因此，5G-NR 中与发送随机接入前导码的 PRACH 资源相关联的 RA-RNTI 通过以下公式计算[5]：

$$RA\text{-}RNTI = 1 + s\_id + 14 \times t\_id + 14 \times 80 \times f\_id + 14 \times 80 \times 8 \times ul\_carrier\_id$$

其中，s_id 是 PRACH 的第一个 OFDM 符号的编号（$0 \leqslant s\_id < 14$），t_id 是 PRACH 对应的第一个时隙在一个系统帧中的编号（$0 \leqslant t\_id < 80$），f_id 是 PRACH 的频域编号（$0 \leqslant f\_id < 8$），ul_carrier_id 是传输随机接入前导码的上行载波标识（0 对应 UL 载波，1 对应 SUL 载波）。

6.1.6　Msg3 发送机制

针对基于竞争的随机接入过程，当 UE 在监听 RAR 的时间窗内成功检测到 RA-RNTI 加扰的 DCI 格式 1_0，并且正确接收到该 DCI 调度的物理下行共享信道（Physical Downlink Shared Channel，PDSCH）中承载的传输块（Transmission Block，TB）时，则 UE 会将该 TB 上传到 MAC 层。MAC 层会解析该 TB 中与 PRACH 传输相关联的随机接入物理标识（Random Access

Physical Identifier，RAPID），如果 MAC 层识别出该 TB 中携带的 RAPID 与之前发送的随机接入前导码 ID 相同，则 MAC 层会向物理层传送一个上行调度信息，该上行调度信息用于触发 UE 发送消息 3（Message 3，Msg3）。该上行调度信息会指示 UE 发送 Msg3 的 TB 大小，同时也会指示 UE 发送 Msg3 所使用的时频资源和调制编码方式等。

在 UE 发起随机接入之前，UE 已经可以从系统消息中获得 UL 载波和 SUL 载波的配置信息。在 5G-NR 标准制定过程中，曾讨论过利用 RAR 来动态地指示 UE 发送 Msg3 的上行载波，以增加网络配置的灵活度。例如，在 RAR 的上行调度信息中增加 1 比特的字段，该字段直接指示 UE 发送 Msg3 的上行载波为 UL 载波或 SUL 载波中的一个，从而 UE 可以根据该指示字段确定在 UL 上行载波还是 SUL 载波上发送 Msg3。

但是 5G-NR Release 15 版本并未采用上述灵活配置 Msg3 的上行载波的机制，这主要有两方面的考虑：一方面，Msg3 为 UE 发送随机接入前导码之后的第一个包含 PUSCH 的上行信号，网络无法通过从 UE 接收随机接入前导码来准确估计 UE 与网络之间的信道质量，此时网络并没有足够的先验信息来确定 UL 载波和 SUL 载波中的哪个更适合 UE 发送 Msg3，若网络贸然为 UE 更换上行载波很有可能出现误判，导致 UE 需要多次重传才能使网络正确接收 Msg3。另一方面，UE 在随机接入过程中频繁地切换上行载波也会提升用户侧算法的复杂度。基于此，5G-NR 系统并未支持 Msg3 载波的动态配置，而是直接规定 UE 发送随机接入前导码和 Msg3 的上行载波必须是同一小区中的同一个上行载波。换而言之，UE 一旦选择了某一上行载波发送随机接入前导码，则该 UE 进行的整个随机接入流程都会在这个上行载波上完成。这也是最为简单和高效的方法。

如果 UE 在时间窗内未能成功检测到采用 RA-RNTI 加扰的 DCI 格式 1_0，或者 UE 成功检测出该 DCI 但是未能正确接收该 DCI 调度的 PDSCH 中的 TB，又或者 UE 未能识别出 PRACH 资源对应的 RAPID，此时 UE 高层会指示物理层重新发送 PRACH。

6.2 功率控制

在前面章节中对上下行解耦进行了较为详细的介绍，对于 SUL 与 TDD 频段组合，每个小区中可以配置两个上行载波，从而引入了与仅包括一个上行载波的小区不同的功率控制设计。

6.2.1 上行随机接入功率控制

网络发送的广播消息不仅携带了上行随机接入相关的随机接入前导码格式和 PRACH 资源配置等信息，还包含了相应的上行功率控制参数，以便非连接态的 UE 能够在随机接入过程中进行上行功率控制。对于配置了两个上行载波的小区，网络会将 UL 载波和 SUL 载波对应的上行功率控制参数都广播给小区中的所有 UE。该功率参数至少包括随机接入前导码对应的功率控制参数和 PUSCH 对应的功率控制参数两个部分，其中，随机接入前导码对应的功率控制参数包括：

> ➢ preambleReceivedTargetPower：用于指示网络接收随机接入前导码的期望接收功率；
>
> ➢ powerRampingStep：UE 随机接入前导码传输失败后重新发送随机接入前导码的功率爬升步长；
>
> ➢ messagePowerOffsetGroupB：当采用 GroupB 中的随机接入前导码时 Msg3 的功率增量。

5G-NR 中的随机接入前导码有诸多可选配置，不同配置对应的子载波间隔和时间长度不同，故不同配置对应的功率不能一刀切。因此，随机接入的功率控制配置中除包括上述功率控制参数以外，还包括与随机接入前导格式和子载波间隔相关的功率控制参数，长序列格式和短序列格式对应的 DELTA_PREAMBLE 定义见表 6-3 和表 6-4。

表 6-3　长序列格式 DELTA_PREAMBLE 定义[5]

PreambleFormat	DELTA_PREAMBLE values	PreambleFormat	DELTA_PREAMBLE values
0	0 dB	2	−6 dB
1	−3 dB	3	0 dB

表 6-4　短序列格式 DELTA_PREAMBLE 定义[5]

PreambleFormat	DELTA_PREAMBLE values (dB)	PreambleFormat	DELTA_PREAMBLE values (dB)
A1	$8 + 3×μ$	B3	$3 + 3×μ$
A2	$5 + 3×μ$	B4	$3×μ$
A3	$3 + 3×μ$	C0	$11 + 3×μ$
B1	$8 + 3×μ$	C2	$5 + 3×μ$
B2	$5 + 3×μ$		

5G-NR 中 UE 计算随机接入前导码的发送功率的方法如下[3]：

$$P_{\text{PRACH},b,f,c}(i) = \min\{P_{\text{CMAX},f,c}(i), P_{\text{PRACH,target},f,c} + \text{PL}_{b,f,c}\}\text{dBm}$$

该公式中的 PRACH 功率控制参数释义见表 6-5。

表 6-5　PRACH 功率控制参数释义

$P_{\text{PRACH},b,f,c}(i)$	小区 c 中的上行载波 f 中的编号为 b 的 BWP 上配置的 UE 发送随机接入前导码的功率
$P_{\text{CMAX},f,c}(i)$	小区 c 中的上行载波 f 上配置的 UE 最大发送功率
$P_{\text{PRACH,target},f,c}$	网络接收随机接入前导码的期望接收功率
$\text{PL}_{b,f,c}$	小区 c 中的上行载波 f 中的编号为 b 的 BWP 对应的路径损耗值

针对路径损耗值 $\text{PL}_{b,f,c}$，UE 需要根据从网络获取的 SSB 发送功率信息和在小区中的下行载波上测量到的 SSB 的 RSRP 联合确定。对于传统的 TDD 小区和 FDD 小区，每个小区中仅包括一个上行载波和一个下行载波，并且 TDD 的上下行载波频率相同，FDD 的上下行载波频率差距绝大部分都在 300 MHz 以内，最大也不会超过 400 MHz，故同一 UE 的上行和下行的路径损耗差值足够小，UE 往往能够将在下行载波上确定的路径损耗值直接用于上行功率控制。但是在上下行解耦场景中，具体针对 TDD 与 SUL 的组合，UE 仅在 TDD 载波所在的频率上有下行载波，UE 在该下行载波上获取的路径损耗值可直接用于 UL 载波上的上行功率控制，而对于 SUL 载波，其与 TDD 下行载波的频率

差距通常大于 1 GHz，从而 SUL 上行载波的路损与 TDD 的下行载波路损相差较大，所以 UE 需要对用于上行功率控制的路损进行修正。

考虑到同一 UE 在 SUL 和 UL 载波上发送的上行信号经历的物理传播路径相同，网络能够根据载波频率和天线配置估计出 UE 在两个上行载波上的路径损耗的差值，这样网络可以在 SUL 载波配置的功率参数中，如 preambleReceivedTargetPower，将载波间路径损耗的差值进行预补偿，从而 UE 无论在 SUL 或 UL 载波上发送上行信号，都可以使用在 TDD 下行载波上测量获得的路径损耗进行上行功率控制。

需要说明的是，网络配置的期望接收功率值的取值范围需要能够补偿 SUL 载波与 UL 载波的路径损耗之间的最大差值[14]。虽然 5G-NR Release 15 版本中仅在 6 GHz 以下的频率范围内定义了 SUL 与 TDD 频段组合，但是 6 GHz 以上的高频频段与 3 GHz 以下的低频 SUL 频段组合是非常有价值的演进方向，所以在 5G-NR Release 15 版本中对期望接收功率值的设计考虑了 SUL 载波与 UL 载波之间频率差距的极限情况，即 SUL 载波使用 700 MHz 的频段，UL 载波使用 70 GHz 的频段。基于 3GPP 技术报告 TR 38.901[10]中距离损耗和穿透损耗的建模，对于相同路径上不同频率的信号所经历的距离损耗的差值（ΔPaL）可以由以下公式计算获得：

$$\Delta PaL = X_1 \cdot \lg \frac{F_1}{F_2} \quad (dB)$$

其中，F_1 和 F_2 分别为两个载波的频率，X_1 是与应用场景相关的参数。考虑到上下行解耦技术的一个重要目的是增强室外站的覆盖，所以 X_1 应选择对应于室外模型的参数，如 X_1=21.3，从而 700 MHz 与 70 GHz 的距离损耗差值为 43.2 dB。对于穿透损耗模型，其中仅建筑外墙导致的穿透损耗与频率相关，TR 38.901[10]中给出了高损耗和低损耗两种模型，考虑到高损耗模型与频率的相关性更高，所以 SUL 与 UL 载波之间的路径损耗的极限值应需要基于高损耗模型进行计算。具体来说，基于高穿透损耗模型的不同频率载波之间穿透损耗的差值可以由以下公式计算获得：

$$\Delta \mathrm{PeL} = 10\lg \left(\frac{0.7 \times 10^{\frac{-23-0.3F_2}{10}} + 0.3 \times 10^{\frac{-5-4F_2}{10}}}{0.7 \times 10^{\frac{-23-0.3F_1}{10}} + 0.3 \times 10^{\frac{-5-4F_1}{10}}} \right) \text{ (dB)}$$

从而 700 MHz 与 70 GHz 的穿透损耗差值为 32.8 dB。综上所述，由频率的不同而导致的路径损耗的差值最大为 76 dB[12]。因此与 LTE 相比，5G-NR 中的期望接收功率的可配置范围需要扩大 76 dB，并且这一提议已被 5G-NR 标准所采纳。

6.2.2　上行共享信道 PUSCH 的功率控制

5G-NR 中 PUSCH 的功率控制机制基本沿用了 LTE 系统的功率控制机制。若 UE 要在小区 c 中的载波 f 中的编号为 b 的上行 BWP 上，采用第 j 套参数配置和第 l 套功率控制调整状态发送 PUSCH，则 UE 在时间段 i 中发送 PUSCH 的功率 $P_{\mathrm{PUSCH},b,f,c}(i,j,q_d,l)$ 将由以下公式确定[3]：

$$P_{\mathrm{PUSCH},b,f,c}(i,j,q_d,l) = \min \left\{ \begin{array}{l} P_{\mathrm{CMAX},f,c}(i), \\ P_{\mathrm{O\_PUSCH},b,f,c}(j) + 10\lg[2^{\mu} \cdot M_{\mathrm{RB},b,f,c}^{\mathrm{PUSCH}}(i)] + \\ \alpha_{b,f,c}(j) \cdot \mathrm{PL}_{b,f,c}(q_d) + \Delta_{\mathrm{TF},b,f,c}(i) + f_{b,f,c}(i,l) \end{array} \right\}$$

该公式中的 PUSCH 功率控制参数释义见表 6-6。

表 6-6　PUSCH 功率控制参数释义

$P_{\mathrm{CMAX},f,c}(i)$	小区 c 中的上行载波 f 上配置的 UE 最大发送功率
$P_{\mathrm{O\_PUSCH},b,f,c}(j)$	$P_{\mathrm{O\_NOMINAL\_PUSCH},f,c}(j)$ 与 $P_{\mathrm{O\_UE\_PUSCH},f,c}(j)$ 的和
$M_{\mathrm{RB},b,f,c}^{\mathrm{PUSCH}}(i)$	PUSCH 占用的频域资源块个数
$\alpha_{b,f,c}(j)$	小区 c 中的载波 f 中的上行 BWP b 对应的路径损耗补偿因子
$\mathrm{PL}_{b,f,c}(q_d)$	UE 利用下行编号为 q_d 的参考信号进行测量并获取的路径损耗值
$f_{b,f,c}(i,l)$	累积功率调整值

PUSCH 的功率控制包括非连接态 UE 的功率控制（如随机接入过程中 Msg3）和连接态 UE 的功率控制。针对 Msg3 的功率控制，网络会在广播消息中为 SUL 和 UL 载波分别配置参数 msg3-DeltaPreamble，即 Msg3 与随机接入前导码之间的功率差。此时,用于 PUSCH 功率控制的参数 $P_{\mathrm{O\_UE\_PUSCH},f,c}(j)$ 的取值为 0，$P_{\mathrm{O\_NOMINAL\_PUSCH},f,c}(j)$ 的取值为 preambleReceivedTargetPower 与

msg3-DeltaPreamble 中配置的值之和。

对于连接态的 UE，网络为 SUL 载波和 UL 载波配置独立的功率控制参数，并且 UE 在这两个上行载波上的功率控制流程也是独立的，每个上行载波上的功率控制流程与单个上行载波的小区相同。对于上述功率控制公式中的动态累积功率调整值 $f_{b, f, c}(i, l)$，UE 可以根据上行调度的 DCI 中携带的功率调整字段来调整其取值，同时 5G-NR 中也定义了专用于功率控制调整的 DCI 格式，即 DCI 格式 2_2。该 DCI 格式可以包括多个 UE 或者一个 UE 针对不同上行载波的功率调整字段。在参数配置方面，网络会向 UE 配置 PUSCH-TPC-CommandConfig 信令，该信令中包括：

➢ tcp-Index：UL 载波对应的功率调整字段的起始比特位置；
➢ tcp-IndexSUL：SUL 载波对应的功率调整字段的起始比特位置；
➢ targetCell：功率控制命令所适用的小区编号。

也就是说，对于配置了 SUL 载波的 UE，DCI 格式 2_2 中会有两个独立的字段，用于承载该 UE 在 UL 载波和 SUL 载波上对应的功率调整字段。

6.2.3　上行控制信道 PUCCH 功率控制

对于配置了 SUL 载波的 UE，网络在 SUL 载波或 UL 载波中的一个上行载波上半静态地配置 PUCCH 资源，UE 只能够在这个上行载波上发送 PUCCH。在功率控制方面，PUCCH 对应的功率控制参数携带在 PUCCH-config 信令字段中，并且网络仅会为 SUL 或 UL 载波其中一个载波配置 PUCCH-config。因此，对于配置了 SUL 载波的 UE，其发送 PUCCH 的功率控制机制与单上行载波的小区中 PUCCH 功率控制机制是一致的。

6.2.4　上行 SRS 触发和功率控制

UE 在小区 c 中的载波 f 中的编号为 b 的上行 BWP 上，采用第 l 套 SRS 功率调整状态时，该 UE 在 SRS 传输时间段 i 中的 SRS 发送功率 $P_{\mathrm{SRS}, b, f, c}(i, q_s, l)$ 可根据以下公式计算获得[3]：

$$P_{SRS,b,f,c}(i,q_s,l) = \min \begin{cases} P_{CMAX,f,c}(i), \\ P_{O\_SRS,b,f,c}(q_s) + 10\lg[2^{\mu} \cdot M_{SRS,b,f,c}(i)] + \\ \alpha_{SRS,b,f,c}(q_s) \cdot PL_{b,f,c}(q_d) + h_{b,f,c}(i,l) \end{cases}$$

其中的参数释义见表 6-7。

表 6-7　SRS 功率控制参数释义[3]

$P_{CMAX,f,c}(i)$	小区 c 中的载波 f 上为时间段 i 中配置的终端最大发送功率
$P_{O\_SRS,b,f,c}(q_s)$	小区 c 中的载波 f 中的上行 BWP b 上配置的 SRS 资源集 q_s 对应的高层参数 P_O 的值
$M_{SRS,b,f,c}(i)$	发送 SRS 占用的频域资源块个数
$\alpha_{SRS,b,f,c}(q_s)$	小区 c 中的载波 f 中的上行 BWP b 上配置的 SRS 资源集对应的高层参数 α 的值
$PL_{b,f,c}(q_d)$	终端利用下行编号为 q_d 的参考信号进行测量并获取的路径损耗
$h_{b,f,c}(i,l)$	累积功率调整值

上述参数中 $P_{O\_SRS,b,f,c}(q_s)$ 和 $\alpha_{SRS,b,f,c}(q_s)$ 都为 SRS 资源集专用的参数，并且 SRS 功率控制相关的高层参数 P_O 和 α 都携带在 SRS 资源集配置中。因而，对于配置了 SUL 载波的 UE，SUL 载波和 UL 载波上的 SRS 资源都是分别独立配置的，从而在上下行解耦中，UE 在不同上行载波上能够采用不同的功率控制参数进行功率控制。另外，$PL_{b,f,c}(q_d)$ 需要根据与 SRS 资源关联的下行参考信号进行测量，这里的下行参考信号可以是 SSB 或 CSI-RS，并且下行参考信号与 SRS 资源的关联信息也会通过高层参数配置给终端。由于配置了 SUL 的 UE 仅有一个下行载波，所以 SUL 载波上的 SRS 资源需要关联到与 UL 载波频率相同的下行载波中的下行参考信号上。

针对累积功率调整值 $h_{b,f,c}(i,l)$，UE 也可以根据 DCI 中功率调整字段来对累计功率调整值进行调整。因为网络能够独立地调度 UE 发送 SRS 和 PUSCH，所以用于上行 PUSCH 调度的 DCI 格式 0_1 中可以携带动态调度 UE 发送 SRS 的命令字段，而没有专门携带 SRS 的功率调整命令字段。因此，协议中也定义了专用于 SRS 触发和功率调整的 DCI 格式，即 DCI 格式 2_3，该 DCI 格式为组调度的 DCI 格式，其中，网络可以在该 DCI 中携带用于多个 UE 或一个 UE 对应的多个上行载波的 SRS 的触发和功率调整字段。对于配置了 SUL 载波的 UE，其可以在一个 DCI 中同时接收到在 SUL 载波和 UL 载波上发送 SRS 的功率调整命令，这两个功率调整命令分别占用该 DCI 中不同的字段，该 DCI

格式将在 SRS 传输机制的章节中详细介绍。

6.2.5　CA 场景中 SUL 的功率控制

在上下行解耦场景中，大部分 UE 在同一小区中的两个上行载波上不并发上行信号，而是集中上行功率在一个载波上发送以保证上行覆盖。另外，一些 UE 能支持一个载波上的 SRS 和另外一个载波上的 PUSCH/PUCCH/SRS 同时发送，这类 UE 才可能会出现并发，其并发时的功率控制机制与上行载波聚合的情况相似。对于 UE 在不同上行载波上发送的上行信号在时间上有重叠的情况，协议中规定了不同上行信道/信号之间的优先级。当 UE 发现相互重叠的信道/信号所需要的功率之和超过 UE 允许的最大功率时，优先级高的上行信道优先分配功率，优先级低的上行信道/信号则需要被降低功率或丢弃，从而确保 UE 实际的发送功率不超过允许的最大功率。不同信号的优先级从高到低依次为：

> PCell 中的 PRACH；
> 包含 HARQ-ACK 或者调度请求（Scheduling Request，SR）内容的 PUCCH，或者包括 HARQ-ACK 内容的 PUSCH；
> 包含 CSI 的 PUCCH 或者包含 CSI 的 PUSCH；
> 没有 HARQ-ACK 或者 CSI 的 PUSCH；
> 非周期 SRS；
> 周期或者半静态周期 SRS，非 PCell 上的 PRACH。

另外，在双连接场景中，对于相同类型的上行信号，主小区组（Master Cell Group，MCG）中的上行信号比辅小区组（Secondary Cell Group，SCG）中的上行信号具有更高的优先级。在上下行解耦场景中，对于相同类型的上行信号，配置了 PUCCH 载波上的信号比没有配置 PUCCH 上的信号具有更高的优先级，而对于没有配置 PUCCH 载波的小区，UL 载波上的上行信号优先级高于 SUL 载波上的上行信号。

6.2.6　功率余量汇报

5G-NR 系统支持 UE 功率余量汇报（Power Headroom Report，PHR），用

以获知网络中 UE 的功率使用情况或路损情况, 以协助网络对调度策略进行优化。5G-NR 中支持类型 1（Type 1）和类型 3（Type 3）的功率余量汇报, 其中, 类型 1 的 UE 功率余量适用于 UE 发送 PUSCH 的时间段, 且以 BWP 为单位进行计算, 而类型 3 功率余量适用于 UE 发送 SRS 的时间段, 以 BWP 中的 SRS 资源集为单位进行计算。

对于类型 1 功率余量, 协议既支持基于实际传输的 PUSCH 来计算功率余量, 也支持基于虚拟的 PUSCH 来计算功率余量。针对基于实际传输的 PUSCH 进行功率余量计算的情况, 配置了 SUL 的 UE 的功率余量的计算方法与单上行终端的功率余量的计算方法一致。但是对基于虚拟的 PUSCH 进行功率余量计算的情况, 由于 UE 在 SUL 或者 UL 上并未发送 PUSCH, 因此配置了 SUL 的 UE 需要确定用于计算功率余量的参考上行载波是 UL 还是 SUL。在虚拟功率余量汇报中, 协议规定: 如果网络仅在一个上行载波上为该 UE 配置了 PUSCH-config, 则 UE 将配置了 PUSCH-config 的上行载波作为参考进行类型 1 虚拟功率余量的计算; 如果网络在两个上行载波上都为该 UE 配置了 PUSCH-config, 则 UE 将两个上行载波中配置了 PUCCH-config 的上行载波作为参考以计算类型 1 的虚拟功率余量; 若两个配置了 PUSCH-config 的上行载波都未配置 PUCCH-config, 则 UE 将 UL 载波作为参考以计算类型 1 的虚拟功率余量。

对于类型 3 的功率余量, UE 同样支持基于实际传输的 SRS 的功率余量计算和基于虚拟的 SRS 的功率余量计算两种方式。考虑到类型 3 的功率余量是按照 SRS 资源集为单位计算的, 同时 SRS 资源集对于 SUL 载波和 UL 载波是独立配置的, 所以对于配置了 SUL 载波的 UE, 两种功率余量的计算方式与单上行载波的 UE 的计算方式是一致的。

6.2.7　EN-DC 场景下的功率控制

5G-NR Release 15 中典型的 EN-DC 场景为 UE 接入 FDD 模式的 LTE 小区, 并接入了 TDD 模式的 5G-NR 小区, 此时 UE 可以使用 5G-NR 的上行和 LTE 的上行进行上行传输。考虑到 EN-DC UE 的总发射功率与 SA 的 5G-NR 或 LTE 终端一样, 上行发送功率都受限于法规中规定的终端的最大发射功率或网络配置的最大功率, 因此, 协议也对 EN-DC UE 的功率控制做出了相应的规定, 以避免出现 UE 在 LTE 侧和 5G-NR 侧的发射功率之和超过所允许的最大功率。

6.2.7.1　EN-DC 场景下 UE 的功率控制能力

针对 EN-DC UE，网络会为 UE 在 LTE 侧和 5G-NR 侧分别配置功率控制参数 P_{LTE} 和 P_{NR}，该参数分别用于限制 UE 在 LTE 侧和 5G-NR 侧的最大发送功率。因为 UE 既可以在 LTE 侧发送上行信号，也可以在 5G-NR 侧发送上行信号，所以就存在 LTE 和 5G-NR 共享功率的问题。5G-NR 协议为 EN-DC UE 定义了三种功率共享能力：动态功率共享、静态功率共享和 TDM 方式功率共享。

对于动态功率共享，要求 EN-DC UE 的 LTE 调制解调器能够向 5G-NR 传递功率分配信息或调度信息，从而 5G-NR 的调制解调器能够根据 LTE 侧使用的功率来决定自身的功率。这种方式一方面能够在对方未使用功率或使用较小功率时，让自身充分地使用功率，确保 UE 功率的使用效率；另一方面能够避免 UE 的发送功率超过最大允许发送功率。具体到功率控制机制，Release 15 版本协议并未定义过于复杂的功率控制机制，只要 UE 在 LTE 侧和 5G-NR 侧的总发射功率不超过协议定义的最大发射功率，LTE 和 5G-NR 能够分别按照各自的需求使用 UE 的功率。当 LTE 侧和 5G-NR 侧分别确定的发射功率之和超过了 UE 所能使用的最大发射功率时，协议规定 5G-NR 侧需要降低发送功率，抑或是将发送功率降为 0，以保证不超过协议定义的最大发射功率。LTE 侧的上行信号功率不变，这是考虑到 EN-DC 中 LTE 的小区是 MCG，5G-NR 的小区是 SCG，MCG 的优先级高于 SCG，从而协议中定义的规则优先保证了 LTE 侧的发送功率。

对于 LTE 和 5G-NR 的调制解调器无法交互调度信息的 EN-DC UE，其无法支持动态功率共享，所以 UE 只能采用静态功率共享的方式来为 LTE 和 5G-NR 分配发送功率。此时，为了确保 UE 在 LTE 和 5G-NR 侧的总发送功率不超过其最大能够使用的功率，这时候就要求网络给 UE 配置的功率满足 $\hat{P}_{LTE} + \hat{P}_{NR} \leqslant \hat{P}_{Total}^{EN-DC}$，其中 $\hat{P}_{LTE}$、$\hat{P}_{NR}$ 和 $\hat{P}_{Total}^{EN-DC}$ 分别为配置的参数 P_{LTE}、P_{NR} 以及 EN-DC UE 总发送功率的线性值。很显然，对于采用静态功率共享的 UE，当 LTE 侧没有上行传输需求时，5G-NR 侧也无法使用 LTE 未使用的功率，反之亦然，这将大大降低终端功率的使用效率。因此，5G-NR 协议中针对仅支持静态功率共享的 EN-DC 终端引入了时分复用的发送模式，即 UE 在同一时间段仅会在 LTE 或 5G-NR 中的一个上发送上行信号，此时无论是 LTE 侧还是 5G-NR 侧都能够将 UE 的功率用满，大幅度地提升了 UE 功率的使用效率。为了让 EN-DC 终端能够顺利地采用 TDM 的发送模式，协议中规定：当 UE 被配置的功率参数满足 $\hat{P}_{\text{LTE}} + \hat{P}_{\text{NR}} > \hat{P}_{\text{Total}}^{\text{EN-DC}}$ 时，LTE 和 5G-NR 在不同的时间段或者子帧中发送上行信号，即 UE 必须要使用 TDM 的发送方式；当满足 $\hat{P}_{\text{LTE}} + \hat{P}_{\text{NR}} \leqslant \hat{P}_{\text{Total}}^{\text{EN-DC}}$ 时，则不限制 UE 的上行发送方式。

5G-NR Release 15 中对 EN-DC UE 的功率控制定义了多种能力，包括动态功率共享能力和上行单发能力（即 TDM 发送能力），并且 UE 会将这些能力信息上报给网络，以指示自身是否支持相关能力。虽然协议中分别定义了指示动态功率共享和/或上行单发能力的指示字段，但是一旦 UE 上报了支持动态功率共享能力，此时无论 UE 是否支持上行单发能力，其必然按照动态功率共享的方式进行上行功率控制。只有在 UE 未上报支持动态功率共享且上报支持上行单发能力的情况下，网络侧才能通过参数 P_{LTE}、P_{NR} 的配置将 UE 配置工作在上行单发模式下。

6.2.7.2　上行共享下的 single TX

在 5G-NR Release 15 版本中定义的 EN-DC 频段组合中，一种典型的模式是 LTE 侧为 FDD 双工方式，5G-NR 侧是 TDD 双工方式。对于不支持动态功率共享的 EN-DC UE，其可以采用 TDM 方式在 LTE 和 5G-NR 侧进行上行信号的发送。LTE 与 5G-NR 上行分时发送示意图如图 6-5 所示，在任意一个上行时间段内，UE 只能在 5G-NR 侧或 LTE 侧中的一个上发送上行信号，而不会在 5G-NR 侧和 LTE 侧的上行上同时发送上行信号。

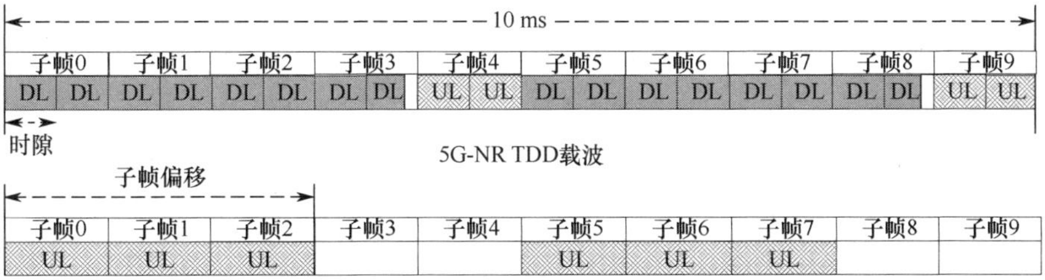

图 6-5　LTE 与 5G-NR 上行分时发送示意图

从协议支持方面，由于 5G-NR 系统已经支持非常灵活的上下行帧结构配置和上下行调度机制，5G-NR 基站可以通过调度机制，使得 UE 只能在某些特定的上行时隙中在 5G-NR 侧进行上行发送。而在 LTE 侧，为了限制 UE 只能在 FDD 上行载波中的部分特定的上行子帧上发送上行信号，LTE 协议中增加了专用的信令字段来达到此目的。为了尽可能地减小 LTE 与 5G-NR 分时发送对 LTE 性能的影响，协议将 LTE TDD-FDD CA 且 TDD 为主载波时的子帧配置直接复用到了 EN-DC 场景中，网络可以在 RRC 层专用信令中向 EN-DC 终端配置 UE 专用的子帧配置信息，该子帧配置信息指示了 LTE 侧可用上行子帧的图样，从而限制了 UE 只在其指示的上行子帧上发送 LTE 侧上行信号。具体来说，该上行子帧的图样总共包括 7 种配置（与单小区 TDD 上下行配置相同）。EN-DC 分时发送 LTE 侧上行子帧配置与图样如图 6-6 所示。

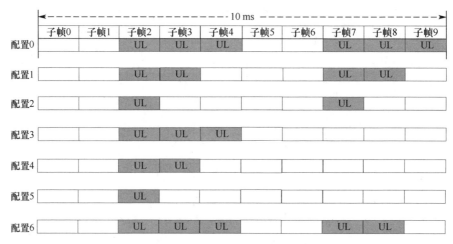

图 6-6　EN-DC 分时发送 LTE 侧上行子帧配置与图样

进一步来说，EN-DC UE 在 5G-NR 侧也可以配置 SUL 载波，并且该 SUL 载波可以与 LTE 的上行载波共享同一段上行频率。对于 LTE FDD 上行载波所在的频段，UE 发送 LTE 的上行信号与在 5G-NR 的 SUL 载波上发送上行信号也可以是时分的，上下行解耦的上行分时发送示意图如图 6-7 所示。5G-NR 无论在上行调度或者帧结构的配置方面都非常灵活，通过动态调度或者帧结构配置也都可以使得 UE 只在 SUL 载波上特定的上行时隙发送上行信号。而 LTE FDD 的 UE 可以通过子帧配置来限定 UE 仅能够在 LTE FDD 上行载波上的某些子帧上发送信号，从而实现 EN-DC UE 在 LTE 和 5G-NR 之间的分时发送。

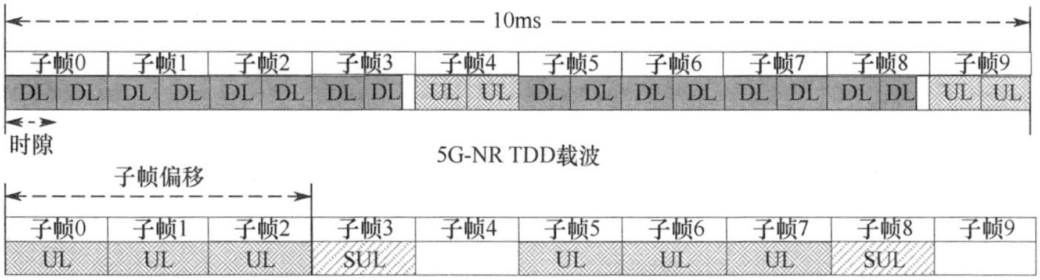

	子帧0	子帧1	子帧2	子帧3	子帧4	子帧5	子帧6	子帧7	子帧8	子帧9

图 6-7　上下行解耦的上行分时发送示意图

6.2.7.3　单发场景下的 LTE 小区的 LTE-HARQ 时序

现有 LTE FDD 的下行反馈时序为固定的 $n+4$ 反馈，即 UE 在编号为 n 的子帧上接收到 PDSCH，则在编号为 $n+4$ 的子帧上向网络反馈 HARQ-ACK。如上所述，对于采用 TDM 上行发送方式的 EN-DC UE，其在 LTE 侧的一些上行子帧上无法发送上行信号，若在 LTE 侧仍采用现有 FDD 模式中的 $n+4$ 反馈时序，则会导致工作在 LTE 与 5G-NR 的 TDM 模式下的 EN-DC UE LTE 侧的某些下行子帧，没有对应的 LTE 上行子帧用于反馈 LTE HARQ-ACK，从而导致这些 LTE 下行子帧无法用于 PDSCH 的传输，影响了 EN-DC UE 在 LTE 侧的下行峰值速率。EN-DC 采用 LTE FDD 反馈时序示意图如图 6-8 所示，EN-DC UE 在 LTE 侧被配置为仅在上行子帧 2、3、4、7、8 和 9 上发送上行信号，若采用 FDD 的 $n+4$ 反馈时序，则下行子帧 1、2、6 和 7 上无法传输 PDSCH。

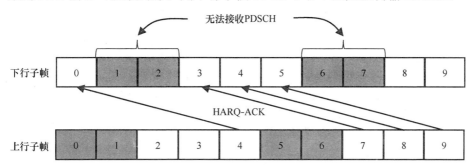

图 6-8　EN-DC 采用 LTE FDD 反馈时序示意图

为了避免 TDM 对 LTE 侧的下行峰值速率造成的不利影响，EN-DC UE 在 LTE 侧的下行反馈时序也复用了 LTE TDD-FDD CA 且 TDD 为主载波时的反馈时序。FDD-TDD 载波聚合时 FDD 的下行关联集见表 6-8。

表 6-8　FDD-TDD 载波聚合时 FDD 的下行关联集[11]

DL-reference UL/DL Configuration	Subframe n									
	0	1	2	3	4	5	6	7	8	9
0	—	—	6, 5	5, 4	4	—	—	6, 5	5, 4	4
1	—	—	7, 6	6, 5, 4	—	—	—	7, 6	6, 5, 4	—
2	—	—	8, 7, 6, 5, 4	—	—	—	—	8, 7, 6, 5, 4	—	—
3	—	—	11, 10, 9, 8, 7, 6	6, 5	5, 4	—	—	—	—	—
4	—	—	12, 11, 10, 9, 8, 7	7, 6, 5, 4	—	—	—	—	—	—
5	—	—	13, 12, 11, 10, 9, 8, 7, 6, 5, 4	—	—	—	—	—	—	—
6	—	—	8, 7	7, 6	6, 5	—	—	7	7, 6, 5	—

以配置 0 为例，一个帧中的子帧（Subframe）2、3、4、7、8 和 9 共 6 个子帧能够用于 EN-DC UE 在 LTE 侧发送 HARQ-ACK，而剩余的子帧 0、1、5 和 6 不能用于 HARQ-ACK 的传输。具体以配置 0 中的子帧 2 为例，其反馈时序为 $n-5$ 或 $n-6$，即终端在子帧 2 上发送的 HARQ-ACK 对应上一帧中的子帧 7 或子帧 6 上接收的 PDSCH，子帧 3 的反馈时序为 $n-5$ 或 $n-4$，子帧 4 的反馈时序为 $n-4$，从而在较少的上行子帧中能够反馈所有下行子帧中调度的 PDSCH 对应的 HARQ-ACK，EN-DC 在 LTE 侧的 Case 1 的 HARQ 时序示意图如图 6-9 所示。

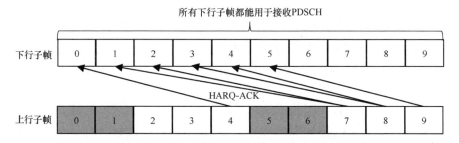

图 6-9　EN-DC 在 LTE 侧的 Case 1 的 HARQ 时序示意图

协议中将 EN-DC UE 采用 LTE 与 5G-NR TDM 上行发送方式时，LTE 侧的 HARQ 时序称为 Case 1 的 HARQ 时序。

6.2.7.3.1　单发场景 LTE 侧 HARQ 时序

由于 Case 1 的 HARQ 时序复用了 LTE FDD-TDD CA 且 TDD 载波为主载波情况下，FDD 载波上 PDSCH 对应的 HARQ-ACK 在 TDD 主载波上反馈的时序，所以 LTE 侧包括调度、反馈的机制都需要相应的修改，以适配 Case 1 的 HARQ 时序。

- Case 1 的 HARQ 时序中支持的 PUCCH 格式

在 LTE FDD 单小区场景中，因为 UE 在一个上行子帧中只会反馈一个下行子帧中的 PDSCH 对应的 HARQ-ACK，所以 LTE 协议只需支持 PUCCH 格式 1a 和格式 1b，即可满足反馈需求。但是对于采用 Case 1 的 HARQ 时序的 LTE FDD 载波，会出现 UE 需要在同一个上行子帧上反馈多个下行子帧中 PDSCH 的 HARQ-ACK 的情况，所以有必要支持可同时承载多于 2 个 HARQ-ACK 比特的 PUCCH 格式。因此，协议规定，对于工作在 Case 1 的 HARQ 时序下的 EN-DC UE，其在 LTE 侧需要支持 PUCCH 格式 3、格式 4 和格式 5，并且相应的 HARQ-ACK 反馈流程复用 FDD-TDD CA 且 TDD 载波为主载波情况下 FDD 辅载波的反馈流程。需要注意的是，对于 PUCCH 格式 1a 和格式 1b，UE 并没有采用 FDD-TDD CA 的资源确定方法，而是维持了与传统 FDD 模式下相同的方式。

- DCI 中的下行分配指示（Downlink Assignment Indicator，DAI）域

在 LTE FDD 单小区场景中，因为 UE 在一个上行子帧中只会反馈一个下行子帧中的 PDSCH 对应的 HARQ-ACK，所以下行控制信息 DCI 中并不需要包括 DAI 域。而对于采用 Case 1 的 HARQ 时序的 LTE FDD 载波，会出现 UE 需要在同一个上行子帧上反馈多个下行子帧中 PDSCH 的 HARQ-ACK 的情况，所以有必要在 DCI 中增加 DAI 域，以使 UE 支持动态反馈码本。最终，协议规定在 UE 专用的搜索空间（UE-specific Search Space，USS）中的 DCI 中需增加 DAI 域，并且该指示域同样也复用了 FDD-TDD CA 且主载波为 TDD 的情况下 FDD 辅载波中 DAI 的设计。另外，对于公共搜索空间中的 PDSCH 和 PUSCH 调度 DCI，协议规定其不包括 DAI，并且保持原有的 DCI 载荷大小，以避免 EN-DC UE 在 RRC 配置/重配置过程中出现对 DCI 的模糊理解。

- 下行 HARQ 进程

在 LTE FDD 单小区场景中，下行 HARQ 进程数为 8 个；而对于 LTE

FDD-TDD CA 场景，下行 HARQ 进程数与对应的参考 TDD 配置相关，且都大于 8 个，从而 DCI 中用于指示 HARQ 进程号的字段在上述两种情况下的比特数不同，前者为 3 比特，后者为 4 比特。而对于采用了 Case 1 的 HARQ 时序的 FDD 小区，下行 HARQ 进程数也与网络配置的参考 TDD 配置相关，从而 DCI 中 HARQ 进程号指示字段也需要更改。类似地，协议规定在 USS 中的 DCI 中的 HARQ 进程号指示字段也复用 FDD-TDD CA 时 FDD 辅载波中相同的设计。

● 上行调度机制

考虑到 EN-DC UE 可在 EN-DC Case 1 的 HARQ 时序模式和纯 LTE FDD 模式间切换，同一基站也要服务传统的 LTE UE，同时为了降低 UE 的复杂度和最小化地改动协议，协议简化了上行调度设计，EN-DC Case 1 的 HARQ 时序模式并没有复用 FDD-TDD CA 的 FDD 辅载波中的上行调度设计。一方面，协议规定 UE 无须从网络接收物理 HARQ 指示信道（Physical Hybrid ARQ Indicator Channel，PHICH），而是直接根据上行调度 DCI 中的指示来识别是初传调度还是重传调度。另一方面，协议规定 PUSCH 的往返传输时间为 10 ms，也就是说，当 UE 在子帧 n 中接收到网络发送的 PUSCH 的调度信息，且该调度信息指示 UE 在子帧 $n+4$ 上发送 PUSCH 时，该 UE 将在子帧 $n+10$ 中接收网络发送的针对同一 HARQ 进程的 PUSCH 调度信息。采用此种设计，能够大大降低 UE 实现和协议复杂度。

6.2.7.3.2 单发场景下的载波聚合机制

在 5G-NR Release 15 版本中，EN-DC UE 在 LTE 侧仅在以下三种配置下才支持 Case 1 的 HARQ 时序，包括：

➢ LTE 侧仅配置了一个 FDD 载波；
➢ LTE 侧配置了多个 FDD 载波；
➢ LTE 侧配置了 FDD 载波和 TDD 载波，并且 FDD 载波为主载波，TDD 载波为辅载波。

同时，协议中限制了 UE 在 LTE 侧只能配置一个上行载波，换而言之，工作在 Case 1 的 HARQ 时序下的 EN-DC UE，只能被配置唯一的 LTE 上行载波，且不支持上行载波聚合。另外，在该配置下，UE 也不支持跨载波调度。

当 UE 在 LTE 侧配置了多个载波时,对于 FDD 辅载波,其下行 HARQ 时序与 FDD 主载波的下行 HARQ 时序相同。FDD 辅载波 HARQ 时序示意图如图 6-10 所示。

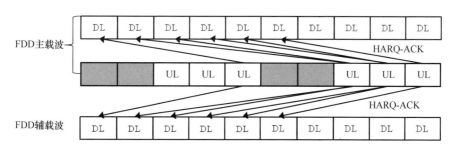

图 6-10　FDD 辅载波 HARQ 时序示意图

对于 TDD 辅载波,其下行 HARQ 时序也与 FDD 主载波的下行 HARQ 时序相同,区别在于 TDD 辅载波上可用的下行子帧必然少于 FDD 主载波中的下行子帧。TDD 辅载波 HARQ 时序示意图如图 6-11 所示。

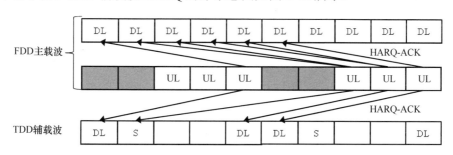

图 6-11　TDD 辅载波 HARQ 时序示意图

而对于上行 HARQ 时序,由于 UE 仅能够被配置一个上行载波,且不支持跨载波调度,所以上行 HARQ 时序在单小区场景和 CA 场景中并无差别,且设计相同。

可以看出,Release 15 版本中尽可能地简化了 EN-DC UE 在 LTE 侧配置载波聚合场景下的机制,其目的是为了最大限度地降低 UE 实现的复杂度。

6.2.7.4　参考 TDD 配置与子帧偏移配置

虽然 EN-DC 下的 TDM 方式减少了 UE 在 LTE 侧可用的上行子帧,但是网络仍然有能力在不同的上行子帧接收不同 UE 的 LTE 上行信号。因此,为了平衡上行子帧间的负载，LTE 网络还会为不同的 UE 配置一个专用的子帧偏移值，该偏移值用于配置 UE 的可用上行子帧在一个无线帧中的位置。采用此种设计，网络可以为不同 UE 配置不同的偏移值，以保证基站侧的所有上行子帧都能够用于 EN-DC 上行信号的接收，避免频谱资源的浪费。终端配置子帧偏移值的示意图如图 6-12 所示，在图 6-12 的示例中，网络侧为终端 A 和终端 B 通知了相同的参考 TDD 配置，但是配置了不同的子帧偏移值，如终端 A 的子帧偏移值为 0，而终端 B 的子帧偏移值为 2。可以看出，从网络的角度来说，这样配置使得所有上行子帧都能够用于上行通信，确保了网络上行频谱资源的利用率。

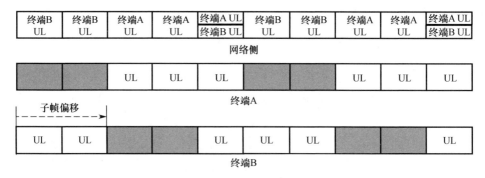

图 6-12　终端配置子帧偏移值的示意图

6.2.7.5　参考 TDD 配置对 PRACH、PUSCH 和 SRS 的影响

此外，其他上行信道/信号包括 PRACH、PUSCH 和 SRS，也只能够在被配置的上行子帧中发送，上行载波上其他未被配置的上行子帧不能用于该 UE 发送任何 LTE 上行信号。

6.3　上行发送同步调整

6.3.1　SUL 与 UL 的单定时调整组

基站采用统一的检测窗口接收多个 UE 发送的上行信号，为了避免 UE 之间产生子载波间干扰，小区内的多个 UE 的上行信号到达基站的定时偏差必须控制在小于 OFDM 符号循环前缀长度的范围内。为此，网络会为每个 UE 单独发送定时调整。UE 的上行发送定时（PRACH 除外）是以下行接收定时作为基准，提前 N_{TA} 与 $N_{TA\,offset}$ 之和的时间，其中，N_{TA} 为 UE 根据网络发送的定时调整命令累积确定的定时提前量（Timing Advance，TA），$N_{TA\,offset}$ 为上行发送时刻相对于下行接收时刻的偏移量，协议中为其定义了取值范围，与小区的频率范围和双工模式相关，并由 RRC 信令配置给 UE。5G-NR 系统沿用了 LTE 系统中定时调整机制，即网络通过 MAC 层控制信令来调整 UE 的发送定时。

5G-NR Release 15 版本中，SUL 载波与其关联的 TDD 载波属于同一个小区，并且 SUL 与 TDD 载波为共站部署。虽然 SUL 载波所在的频段与 TDD 载波的频段相差较大，但是根据技术报告 TR 38.901[10]中的结论，对于同一个传输路径，不同频段的传播时延都是相同的。另外，在 LTE Release 10 版本中 CA 的讨论中，也明确描述了不同频段的 CA 的最强子径在不同频段上的时间差有 98% 的概率都是小于 0.52 μs 的，并且总是小于 2.5 μs。因此，对于 SUL 与 TDD 载波共站部署的场景，SUL 和 UL 载波共用一个定时调整命令是客观、合理的选择。另外，UE 在这两个上行载波上采用相同的发送定时，也有助于提升时域资源的使用效率。因为若 UE 在两个上行载波上的发送定时不相同，则当网络通过 DCI 为 UE 动态地在 UL 和 SUL 上行载波间切换时，位于不同上行载波且时间上相邻的 PUSCH 时隙之间不对齐，即有符号重叠，此时，UE 不得不丢弃若干个符号或者降低整个时隙上的发送功率，这将导致时域资源的浪费和性能损失。因此，协议规定在 5G-NR Release 15 版本中一个小区中的 SUL 载波和 UL 载波属于同一个定时调整组，从而网络只会采用一个定时调整命令字（Timing Adjustment Command，TAC），并同时对一个小区中的 SUL 载波和 UL 载波进行定时调整。

6.3.2　定时调整命令设计

对于定时调整命令字，5G-NR 中针对不同的子载波间隔定义了不同的调整粒度和精度需求。无论是 RAR 中携带的初始定时调整值，还是 MAC 层控制单元中携带的 TAC，其粒度都与上行载波的子载波间隔相关，具体为 $16 \times 16/2^\mu$ Tc [1Tc=1/(480000×4096)秒]。换而言之，子载波间隔越大，则定时调整粒度越小，调整精度也越高。因为大子载波间隔对应等比变小的时隙长度和 OFDM 循环前缀长度，按子载波间隔等比例缩放 TAC 的调整粒度，可在不改变 TAC 比特数的前提下实现不同的 TAC 调整精度和最大调整范围。

在定义 UE 定时的误差方面，对于不同的子载波间隔定义的定时调整误差需求也不相同。具体来说，针对 15 kHz 和 30 kHz 的子载波间隔，UE 定时提前的误差需要在 ±256 Tc 的时间范围内，而对于 60 kHz 和 120 kHz 的子载波间隔，UE 定时提前的误差分别要在 ±128 Tc 和 ±32 Tc 的时间范围内，这对应了 UE 在不同子载波间隔的情况下能够支持最小的带宽，即其带宽允许的最大定时误差。基于 Release 15 中 SUL 的频段组合，网络在 5G-NR TDD 频段上通常会配置 30 kHz 的子载波间隔，而在 SUL 频段上会配置 15 kHz 的子载波间隔，即两个上行载波的子载波间隔不相同。Release 15 中 SUL 和 UL 属于同一个定时调整组，所以网络会采用同一个 TAC 调整 UE 在两个上行载波上的发送定时。然而子载波间隔不同的两个上行载波的 TAC 的定时调整粒度不相同，以致于同一个 TAC 命令在两个载波上指示了不同的定时调整量，无法实现同一定时调整组内两个上行载波间的定时对齐。为此，Release 15 协议中规定，当 UE 在一个定时调整组中有多个激活的上行 BWP 时，UE 接收的 TAC 的粒度由多个激活的 BWP 中配置的最大的子载波间隔来确定，这样能够确保子载波间隔最大的 BWP 上的定时调整精度不受影响。[9]

UE 从接收到 TAC，再到实际调整定时需要一定的生效时间，由于 5G-NR 中采用了灵活子载波间隔的设计，这使得 TAC 在 UE 的生效时间无法复用 LTE 中单子载波间隔的设计。直观地说，从 UE 接收到 TAC 到 UE 实际调整定时之间的时间差，至少需要让 UE 有足够的时间将承载 TAC 的 PDSCH 进行解调，以及将待发送的 PUSCH 进行组包，同时该时间还需要将 UE 上行发送的最大 TA 调整量考虑在内。因此，协议中规定，当 UE 在编号为 n 的上行时隙接收到 TAC 时，则该 TAC 在编号为 $n+k$ 的上行时隙开始生效，其中，$k = \left\lceil N_{\text{slot}}^{\text{subframe},u} \cdot (N_{T,1} + N_{T,2} + N_{\text{TA,max}} + 0.5)/T_{sf} \right\rceil$，$N_{T,1}$ 代表 UE 接收 PDSCH 的处理时间，$N_{T,2}$ 代表 UE 生成 PUSCH 所需的处理时间，$N_{\text{TA,max}}$ 为 UE 支持的最大的 TA 值，$N_{\text{slot}}^{\text{subframe},u}$ 代表子载波间隔为 u 时一个子帧中的时隙个数，T_{sf} 为 1 ms 的时间。参数 $N_{T,1}$、$N_{T,2}$ 和 $N_{\text{slot}}^{\text{subframe},u}$ 都与子载波间隔相关。因为对于较大的子载波间隔，UE 需要更强的处理能力，能够更快地完成相应的信号处理，从而在协议中规定，这些参数都是由 UE 在一个定时调整组中，所有上行载波上的所有上行 BWP 中配置的最小的子载波间隔来确定的，以保证对于这个定时调整组中的任意 BWP，UE 都能够有足够的时间来完成定时调整。

6.3.3　定时提前偏移量设计

协议定义 $N_{TA,offset}$ 的目的旨在确保 TDD 模式中的 UE 有足够的时间完成同频点的上行发送到下行接收的切换。因此，在 LTE 系统中，TDD 模式中设定的 $N_{TA,offset}$ 的取值对应的时间为 20 μs，而 FDD 模式中设定的 $N_{TA,offset}$ 的取值为 0，其原因在于 FDD 模式中上行和下行的频点不同，上行发送与下行接收之间无须切换。对于 5G-NR 系统，基站与终端的硬件处理能力都有一定提升，相比于 LTE 能够在更短的时间内完成上下行转换，因此在 6 GHz 以下的频段，5G-NR 系统中对 TDD 模式下的 $N_{TA,offset}$ 取值对应的时间为 13 μs，而在 6 GHz 以上的频段，该时间更短。此外，对于 5G-NR FDD 与 TDD 载波进行 CA 的情况，若 5G-NR FDD 仍沿用 LTE 中 0 值的 $N_{TA,offset}$，需要采用与 LTE 类似的复杂的机制来确保 UE 在多个上行载波的发送定时相同，这无疑会增加基站和 UE 实现的复杂度。基于此，协议规定独立部署的 5G-NR FDD 模式可采用与 TDD 模式相等的 $N_{TA,offset}$ 值，即 13 μs，以简化 FDD 与 TDD CA 场景中的定时调整机制。

此外，Release 15 中的一个重要场景为 5G-NR 与 LTE 共站部署，且 5G-NR 的上下行同时共享 LTE 的上下行载波。针对此场景，若 5G-NR 的 $N_{TA,offset}$ 与 LTE 的 $N_{TA,offset}$ 取值不相等，则会导致基站需要采用不同的上行接收窗口来分别接收 5G-NR 和 LTE 的上行信号。为了让基站能够采用一个接收窗口来同时接收 5G-NR 和 LTE 的上行信号，5G-NR 协议为 5G-NR 与 LTE 共享场景额外规定了一套 $N_{TA,offset}$ 取值，即与 LTE 共存的 5G-NR TDD 的 $N_{TA,offset}$ 取值为 20 μs，与 LTE 共存的 5G-NR FDD 的 $N_{TA,offset}$ 取值为 0。考虑到 UE 无法感知 5G-NR 是否与 LTE 进行了共存部署，所以协议中引入了专用的高层信令字段来通知 UE 应使用的 $N_{TA,offset}$ 的取值。

在上下行解耦中，UE 在 SUL 载波和 UL 载波上的上行发送定时都是以 TDD 下行载波上的接收定时为基准，并通过同一 TAC 进行定时调整，所以只要两个上行载波上的 $N_{TA,offset}$ 的取值相等，就可以保证 UE 在 SUL 和 UL 载波上的发送定时相同。因此，协议中规定 UE 在 SUL 载波上的 $N_{TA,offset}$ 的取值与其关联的 UL 载波对应的 $N_{TA,offset}$ 值相等，以实现 UE 在同一小区的两个上行载波上具有相同的发送定时，从而能够保证 SUL 与 UL 上的子帧或时隙边界对齐，便于两者之间的动态切换[18]。

6.4 调度和反馈

6.4.1 PUSCH 传输机制

在上下行解耦场景中，为了让 UE 能够灵活地使用上行载波资源发送 PUSCH，尤其使能小区边缘的 UE 使用 SUL 载波，以确保足够的上行覆盖，对于连接态的 UE，5G-NR 需要支持灵活的载波配置和载波切换机制，从而网络能够根据 UE 的信道质量的优劣来为 UE 配置合适的上行载波。例如，对于靠近小区中心区域，上行信道质量较好的 UE，网络可以将这些 UE 配置在 UL 载波上发送 PUSCH，让这些 UE 能够充分利用 UL 载波的大带宽，获得较高的上行吞吐量；而对于靠近小区边缘的 UE，网络可以将其配置为在 SUL 载波上发送 PUSCH，利用 SUL 载波较好的覆盖性能，提升 UE 上行业务速率。

因此，通过网络合理的配置，不仅能够保证小区中心 UE 的上行速率，提升小区边缘 UE 的上行覆盖，还可以进行负载均衡，避免大量 UE 驻留在同一上行载波上，降低网络性能。在 5G-NR 标准讨论过程中，重点讨论了以下三种 PUSCH 载波的配置和切换机制：

> 半静态载波切换：采用 RRC 层信令为 UE 配置一个可用的上行载波，UE 仅能够在该上行载波上发送 PUSCH。

> 准动态载波切换机制：采用 MAC 层信令为 UE 配置或切换激活的 PUSCH 上行载波。

> 动态载波切换机制：采用下行控制 DCI 来动态指示 UE 发送 PUSCH 的上行载波。

考虑到对于移动性要求较低的 UE，其在小区内的位置相对固定，半静态的载波切换方法已经能够有效地实现小区中心 UE 和小区边缘 UE 使用不同的上行载波的目标。对于移动性要求较高的 UE，其往往会在 UL 载波覆盖区域与 SUL 载波覆盖区域之间移动，从而需要更快速的上行载波的切换，若只支持采用 RRC 配置信令的半静态的载波切换方法，会导致 UE 在上行载波切换时发生通信中断，影响 UE 的体验。因此，5G-NR 系统中同时支持半静态和动态载波切换机制，而对于准动态载波切换机制，即通过 MAC 层控制信令来实现载波切换的机制，虽然相比于半静态机制能够有更高的灵活度，但是仍然无法彻底解决 UE 在载波切换时出现的通信中断问题。考虑到 5G-NR 系统中已经支持动态的载波切换机制，无须再支持准动态的载波切换，因此，协议最终确定只支持半静态和动态两种上行载波配置与切换机制。

6.4.1.1　PUSCH 的载波和 BWP 配置

针对半静态 PUSCH 载波切换的方法，其通过在 UL 载波和 SUL 载波上的 RRC 配置实现。对于 UE 连接的任意一个服务小区，在该小区内网络只能为该 UE 配置最多 4 个 UE 专用的下行 BWP，而对于该服务小区中的每个上行载波，也只能配置最多 4 个 UE 专用的上行 BWP。上行 BWP 的个数限制并不是针对服务小区，而是对于服务小区中的每个上行载波而言的，即对于工作在传统 TDD 和 FDD 模式下的 UE，其只能被配置最多 4 个上行 BWP，而对于配置了 SUL 载波的 UE，其在 UL 载波和 SUL 载波上分别都可以配置最多 4 个上行 BWP。

网络还会在广播消息中为小区内的所有 UE 配置初始激活的 BWP，其中，配置的初始激活下行 BWP 用于 UE 确定类型 0 的 PDCCH 的 CSS，以接收调度系统消息的控制信息；初始激活上行 BWP 则用于 UE 进行上行随机接入。网络给 UE 配置的 PUSCH 传输相关参数都是以 BWP 为单位的。具体来说，对于任意一个上行 BWP，网络都可以为其配置 PUSCH 资源，具体通过 RRC 层参数 PUSCH-config 来完成配置。若该 BWP 上的 PUSCH-config 被配置为 Set 状态，则表示该 BWP 能够用于 UE 发送 PUSCH，若该 BWP 上的 PUSCH-config 被配置为 Release 状态，则表示该 BWP 无法用于 UE 发送 PUSCH。通常，若一个上行载波中的任意一个 BWP 上的 PUSCH-config 被配置为 Set 状态时，则可以认为该上行载波为 PUSCH 载波。因此，网络可以通过 RRC 信令为不同 UE 的不同 BWP 配置 PUSCH。比如：对于小区中心的 UE，网络可以为其在 UL 载波中的 BWP 上配置 PUSCH，而在 SUL 载波中的 BWP 上不配置 PUSCH；对于小区边缘的 UE，网络可以为其在 SUL 载波中的 BWP 上配置 PUSCH，而不在 UL 载波中的 BWP 上配置 PUSCH，以通过 SUL 提升网络覆盖。

6.4.1.2 PUSCH 的 fallback DCI 调度

对于配置了 SUL 载波的 UE，网络可以通过 RRC 层信令将 UL 载波和 SUL 载波都配置成 PUSCH 载波，此时，网络可以采用动态 PUSCH 载波切换机制来实现 UE 在两载波之间切换 PUSCH 的发送。

5G-NR 中定义了两种上行调度的 DCI 格式，分别为 DCI 格式 0_0 和 DCI 格式 0_1，其中，回退（fallback）DCI 格式 0_0 承载在控制资源集的 CSS 中，而非回退（non-fallback）DCI 格式 0_1 则承载在控制资源集里的 USS 中[2]。为了让 UE 在接收到上行调度 DCI 后即可确定发送 PUSCH 所使用的上行载波，DCI 格式 0_0 和 DCI 格式 0_1 中需要携带指示 SUL 载波或 UL 载波的信息[15]。

对于如何携带载波指示信息，在标准讨论过程中主要考虑了两种方法：一种方法是直接在 DCI 载荷中增加上行载波指示域，因为 Release 15 版本中 UE 最多只会被配置一个 SUL 载波，所以该指示域只需要 1 比特即可区分 UL 载波和 SUL 载波。另一种方法是通过隐式的方法来区分，如采用不同的搜索空间，或采用不同的加扰序列对 DCI 进行加扰。虽然隐式的区分方法能够避免增加 DCI 的载荷，不会增加控制信息开销，但是若为调度 UL 载波和 SUL 载波的 DCI 配置不同的搜索空间，无疑会增加 UE 盲检测 DCI 的次数，既增加了 UE 的复杂度又增加了 UE 能耗。最终，考虑到用于指示 UL 和 SUL 的指示域的开销仅为 1 比特，远小于 DCI 格式 0_0 和 DCI 格式 0_1 的载荷大小，尤其在考虑 DCI 的填充比特后，增加 SUL 指示域不会增加控制信息的比特开销，所以 5G-NR 决定在上行调度 DCI 中增加 1 比特的指示域，用于显式指示 UL 和 SUL 载波上的调度。

由于 DCI 格式 0_0 需要用于 RRC 配置或重配置过程，UE 与网络在该过程中很可能会出现对 UE 专用配置理解不一致的情况, 此时 UE 则无法对 DCI 格式 0_0 进行正确解读, 致使传输失败。因此, DCI 格式 0_0 中 UL/SUL 指示域的存在与否与 UE 专用的 RRC 配置无关。

另外, 在控制信道相关讨论中, 以降低 UE 在 CSS 中检测控制信息的复杂度作为重要的优化目标, 并且将实现 DCI 格式 0_0 和下行调度的 DCI 格式 1_0 具有相同的载荷作为设计目标之一。为此, 综合考虑复杂度和灵活度之后, 5G-NR 最终规定只有在 UE 配置了 SUL, 并且在附加比特之前, 下行调度的 DCI 格式 1_0 包含的载荷比特数大于 DCI 格式 0_0 的载荷比特数时, 该 SUL 指示域比特才会携带在 DCI 格式 0_0 中, 否则, DCI 格式 0_0 中不携带该指示域。

如果这 1 比特的指示域携带在 DCI 格式 0_0 中, 该比特被放置在 DCI 格式 0_0 的最后一个比特位置上, 这样可以让 UE 在检测 DCI 格式 0_0 时快速确定该 DCI 调度的是 UL 载波还是 SUL 载波。因为 DCI 格式 0_0 中的频域资源指示字段的长度和解读都与上行载波的初始 BWP 的带宽大小相关, 所以当 UE 确定了该 DCI 调度的上行载波, 即可确定该 DCI 中其他指示字段的比特长度和解读方法, 从而只需对该 DCI 进行一次解读, 降低了 UE 的检测复杂度。

当 PUSCH 只配置在 UL 载波和 SUL 载波中的一个时, 即使 DCI 格式 0_0 中包含了这 1 比特的指示字段, UE 也不对该指示字段进行解读, 而是直接将高层信令中配置了 PUCCH 的载波确定为该 DCI 调度的上行载波。此外, 当 DCI 格式 0_0 中未包含这 1 比特的指示字段时, UE 也直接将高层信令中配置了 PUCCH 的载波确定为该 DCI 调度的上行载波。

6.4.1.3　PUSCH 的 non-fallback DCI 调度

针对 DCI 格式 0_1, 只有在 UL 载波和 SUL 载波上都配置了 PUSCH 的情况下, 该 DCI 格式才会携带 UL/SUL 指示域, 以指示 UE 发送 PUSCH 所采用的上行载波。

DCI 格式 0_1 中包含指示 BWP 编号以及频域资源分配的指示域, 它们都与对应的上行载波中配置的 BWP 个数和激活的 BWP 的带宽相关, 所以对于该 DCI 格式，SUL 指示域的位置放在了 BWP 指示域之前，从而当 UE 在对 DCI 进行解读时，可以按顺序解读，首先确定调度的上行载波是 UL 还是 SUL，再根据确定的上行载波对应的 BWP 配置确定 BWP 指示域的比特数和对应关系，这样 UE 只需要对该 DCI 进行一次解读，也不会存在 UL/SUL 指示域位置的模糊问题。

虽然 DCI 格式 0_0 和 DCI 格式 0_1 采用了不同的 UL/SUL 指示域放置位置，但是这两种放置位置都能够避免 UL/SUL 指示域位置随 DCI 格式中其他上行载波相关域的大小变化而变化。

6.4.1.4　PUSCH 调度 DCI 大小和搜索空间

对于上述 1 比特的 UL/SUL 指示域，并不是一直携带在上行调度 DCI 中的。只有当服务小区配置了 SUL 载波时，才需要该指示域来区分 UL 和 SUL；对于未配置 SUL 载波的服务小区，DCI 中不包含该指示域。

对位于小区中心和小区边缘的 UE，其往往只需要在一个上行载波上发送 PUSCH，因此，当只有一个上行载波上配置了 PUSCH 时，对于 DCI 格式 0_0，UL/SUL 指示域携带在 DCI 中，但不指示上行载波，DCI 调度的上行载波为配置了 PUSCH 的上行载波；对于 DCI 格式 0_1，UL/SUL 指示域将不存在。采用此种设计，能够同时满足调度灵活性和低开销的需求。

另外，因为 DCI 载荷中已经包含了 UL/SUL 指示域，所以 UE 可以在同一个搜索空间中检测 DCI 格式 0_1，而无须采用在 LTE CA 中为调度不同上行载波的 DCI 设置不同的搜索空间的方法。进一步来说，考虑到 UE 在 UL 载波和 SUL 上的包括 BWP 个数、带宽以及其他参数的配置可能不同，这使得调度 SUL 和调度 UL 的 DCI 的有效载荷大小会出现不相等的情况，此时，UE 需要在同一个搜索空间中分别按照调度 SUL 和 UL 的 DCI 载荷进行盲检测，无疑增加了 UE 盲检 DCI 的次数和功耗。为了解决此问题，5G-NR 协议规定：如果 DCI 格式 0_1 在调度 UL 载波和调度 SUL 载波所包含的比特数不相等时，比特数较少的 DCI 需要填充比特以使其与比特数较多的 DCI 保持相等的比特数。这样就能够确保调度 SUL 和调度 UL 的 DCI 格式 0_1 的载荷大小相等，从而 UE 只需要按照一种 DCI 的载荷大小对 DCI 格式 0_1 进行盲检测，有利于减少同时配置了 UL 和 SUL 的 UE 检测 DCI 格式 0_1 的复杂度。

6.4.1.5　PUSCH 的 UL/SUL 时分发送

虽然从协议的机制上来看，网络可以向同一个 UE 发送两个 DCI，分别调度 UE 在同一时间段内在 SUL 载波和 UL 载波上发送不同的 PUSCH，即 UE 需要在 SUL 载波和 UL 载波上并行发送 PUSCH，有助于提升 UE 的上行速率。但是考虑到 UE 的发送功率有限，在实际网络中，仅有小区中心的 UE 可能同时在两个上行载波上发送 PUSCH 的总发送功率不超过最大发送功率，而对于处于小区边缘的 UE，其往往受限于最大发送功率，在两个载波上并行发送 PUSCH 并不提升上行速率。因此，Release 15 版本中规定 UE 不支持在 SUL 载波和 UL 载波上并行发送 PUSCH 的能力，从而时分发送也能够简化 UE 实现的复杂度。

6.4.1.6　上下行解耦中的 Grant Free 发送

5G-NR 中定义了两类免调度 PUSCH 传输类型，其中，类型 1 的 PUSCH 传输即为 Grant Free 传输，类型 2 的 PUSCH 传输为半静态调度传输。针对类型 1 的 PUSCH 传输，UE 无须先接收 PDCCH，再根据 PDCCH 中携带的 DCI 中的指示来确定是否发送 PUSCH，以及确定发送 PUSCH 所使用的资源。网络会预先为 UE 半静态地配置可用的 Grant Free 资源，此处的 Grant Free 资源是以 BWP 为单位进行配置的，即每个 BWP 上都可以独立配置 Grant Free 资源。显而易见，对于配置了 SUL 的 UE，网络可以分别为 SUL 载波和 UL 载波上的 BWP 独立配置 Grant Free 资源，并且相关的配置参数的取值也是相互独立的，协议中并未限制其配置。在信令层面，网络在 BWP-UplinkDedicated 单元中可以配置 configuredGrantConfig，该信令中包括以下配置参数：

> ➢ 时域资源信息：该信令中携带了 timeDomainAllocation 字段，用于指示发送 Grant Free PUSCH 的起始符号和长度，以及 PUSCH 对应的 DMRS 的位置。当该字段取值为 m 时，则指示为 PUSCH 时域调度表格中的第 $m+1$ 行对应的参数。

> ➢ 频域资源信息：该信令中携带了 frequencyDomainAllocation 字段，用于指示发送 Grant Free PUSCH 的频域资源位置。

> ➢ 调制编码方式：该信令中携带了发送 Grant Free PUSCH 所使用的调制编码方式以及传输块大小。

> ➢ 天线端口信息：与基于调度的 PUSCH 传输相同，该信令中携带了发送 Grant Free PUSCH 时所采用的 DMRS 端口个数和编号，DMRS 的序列以及未调度的 DMRS 端口是否承载数据的信息。同时，也携带了 SRS 资源指示，用于终端确定所需使用的物理天线端口。

> ➢ 频域跳频偏移：若终端被配置了 PUSCH 跳频传输，则该信令中还会包括 frequencyHoppingOffset 字段，用于指示终端确定两次跳频之间的频域偏移量。

需要说明的是，从 Grant Free 资源配置层面，网络可以为一个 UE 在 UL 或者 SUL 上配置可用的 Grant Free 资源，但不同时配置在两个载波上。而从网络的角度，一部分 UE 的 Grant Free 资源配置在 SUL 载波上，而另一部分 UE 的资源配置在 UL 载波上，因此网络需要在两个载波的 Grant Free 资源中都检测 PUSCH。

6.4.1.7 上行 SPS 传输

5G-NR 中定义的 Type 2 免调度传输即为半静态调度（Semi-Persistent Scheduling，SPS）传输，Type 2 免调度传输与 Type 1 的区别在于，在 Type 2 传输中 UE 仍需要从网络接收 PDCCH 中携带的 DCI，但与基于调度的传输不同的是，该 DCI 的作用为激活 UE 发送 PUSCH，而 Type 1 传输中 UE 无须从网络接收 PDCCH。

在参数配置方面，SPS 传输与 Grant Free 传输共享一些公共参数，包括 DMRS 图样配置、调制编码方式表格、频域资源分配参数、功率控制参数、最大 HARQ 进程数、冗余版本和时域周期等。上述 Grant Free 资源介绍中已经提及网络会额外配置原本在 DCI 中携带的指示信息，而对于 SPS 传输，这些参数仍然携带在专用于激活 SPS 传输的 DCI 中。该专用 DCI 复用现有上行调度 DCI 格式 0_0 或 DCI 格式 0_1，但是采用免调度传输专用的半静态调度 RNTI（Configured Scheduling RNTI，CS-RNTI）进行加扰。首先，为了让 UE 能够区分专用于激活 SPS 传输的 DCI 和用于上行调度的 DCI，协议规定：当

UE 确定接收到由 CS-RNTI 加扰的 DCI，并且新数据指示域的状态为 0 时，则确定该 DCI 为用于激活或释放 SPS 传输的 DCI。另外，DCI 格式 0_0/0_1 仅有部分指示域对于 SPS 传输是必要的，有部分指示域为冗余的域。为了能够提升终端检测该 DCI 的可靠性，协议将部分冗余的指示域在激活/释放 SPS 传输时做了特殊设计，以做冗余校验之用。具体来说，针对激活 SPS 传输的 DCI，DCI 格式 0_0/0_1 中的 HARQ 进程数指示和冗余版本都置为 0，对于释放 SPS 传输的 DCI，DCI 格式 0_0 中的 HARQ 进程数指示域和冗余版本指示域的状态都置为全 0 状态，而调制编码方式指示域和资源块分配域都置为全 1 状态。UE 在接收到激活/释放 SPS 传输的 DCI 时，可以利用这些置 0 或置 1 的指示域进行校验，提升检测该 DCI 的鲁棒性。对于 Type 2 免调度传输，每个 UE 可以在 UL 和 SUL 都配置传输资源，但是同一时刻每个 UE 只能有一个上行载波用于 Type 2 免调度传输。

6.4.1.8　PUSCH 的调度时序

5G-NR 中支持灵活的 PUSCH 调度时序，在用于上行调度的 DCI 中会携带用于指示上行时间资源的指示域，该指示域既指示了 UE 发送 PUSCH 所在时隙与当前接收到 DCI 的时隙的相对时间关系，同时也指示了在发送 PUSCH 所在的时隙中 PUSCH 占用的符号个数和位置。对于相对时间关系，协议中引入了时隙偏移 K_2，用于表示上述时隙的相对时间关系。而对于 PUSCH 占用的符号个数和位置，协议中采用起始位置与长度组合的方式来表征 PUSCH 在一个时隙内的时域符号。用于上行调度的 DCI 中，指示上行时间资源的指示域联合指示了 K_2 和起始与长度指示值（Start and Length Indicator Value，SLIV），并且该指示域与 K_2 和 SLIV 的对应关系携带在高层信令 PUSCH-config 配置给 UE。对于配置了 SUL 载波的 UE，若其在每个上行载波都配置了 PUSCH-config，则该 UE 在每个 PUSCH-config 都会收到用于配置 K_2 和 SLIV 的信令，该参数为每个上行载波独立配置，不同上行载波上的配置可以不同，从而对 DCI 中的指示上行时间资源的指示域的解读，需要根据该 DCI 调度的上行载波来确定。

需要说明的是，K_2 的值是以时隙为单位的，当 UE 下行 BWP 的子载波间隔与上行 BWP 的子载波间隔相同时，则 K_2 以该子载波间隔对应的时隙为单位。当下行 BWP 的子载波间隔与上行 BWP 的子载波间隔不同时，K_2 则以上行的子载波间隔对应的时隙为单位。另外，协议中规定，当 UE 在下行编号为 n 的时隙中接收到上行调度的 DCI 时，则该 UE 在编号为 $\left\lfloor n \cdot \dfrac{2^{\mu_{\mathrm{PUSCH}}}}{2^{\mu_{\mathrm{PDCCH}}}} \right\rfloor + K_2$ 的上行中发送 PUSCH，其中，μ_{PUSCH} 和 μ_{PDCCH} 分别为 PUSCH 和 PDCCH 对应的子载波间隔。

6.4.1.9 PUSCH UE 处理时间

由于 5G-NR 支持灵活的 PUSCH 时域调度，从协议机制层面，网络能够调度 UE 在接收到 PDCCH 后立即发送 PUSCH，但是从 UE 能力的角度，UE 需要有足够的处理时间来解读 PDCCH 以及生成 PUSCH，并且 UE 的处理时间不仅与 PDCCH 和 PUSCH 的子载波间隔相关，还与其他诸多因素相关。因此，协议需要规定 UE 的处理能力以使网络可以设置合适的 PUSCH 调度时序。协议规定，网络发送的用于上行调度的 DCI 中指示的 K_2 和 SLIV 对应的第一个符号，与 UE 接收到携带该 DCI 的 PDCCH 的最后一个符号之间的时间至少需要大于 $T_{\mathrm{proc},2} = \max\left\{\left[(N_2 + d_{2,1} + d_{2,2})(2048 + 144)\cdot\kappa^{2-\mu}\right]\cdot T_C, d_{2,3}\right\}$[4]。其中，$N_2$ 是 UE 生成 PUSCH 的处理能力对应的符号个数，其与子载波间隔相关，此处 N_2 以 UE 接收到 PDCCH 的子载波间隔和发送 PUSCH 的子载波间隔中，对应的处理时间最大的子载波间隔作为参考，也就是以较小的子载波间隔作为参考。在上下行解耦技术中，PDCCH 和 PUSCH 的子载波间隔可能不同，以上公式中的计算方法也支持计算 PDCCH 调度 SUL 载波发送 PUSCH 的 UE 处理时间。

6.4.2 PUCCH 传输机制

5G-NR 中仅支持半静态的 PUCCH 载波切换，即通过 RRC 层信令的配置或重配置来实现为 UE 切换传输 PUCCH 的载波[17]。类似于上述半静态的 PUSCH 载波切换机制，对于配置了 SUL 载波的 UE，网络会在 SUL 载波或者 UL 载波中的一个 BWP 上配置 PUCCH，从而被配置了 PUCCH 的上行载波即为 PUCCH 载波。协议中限制了只能为 UE 配置唯一的 PUCCH 载波，不能同时在 SUL 载波和 UL 载波中的 BWP 上配置 PUCCH。

6.4.2.1　PUCCH 反馈时序

5G-NR 中支持灵活的下行 PDSCH 的 HARQ-ACK 反馈时序，用于下行调度的 DCI。除了会指示 PDSCH 时间资源信息，还会指示 UE 反馈该 PDSCH 对应的 HARQ-ACK 所在的时间位置。具体来说，用于下行调度的 DCI 中指示了时隙偏移 K_1，其用于 UE 确定时隙偏移量 k，即当 UE 在编号为 n 的时隙中接收到了 PDSCH，则该 UE 在编号为 $n+k$ 的时隙中发送该 PDSCH 对应的 HARQ-ACK 信息，此处 n 和 k 都以 UE 发送 PUCCH 的子载波间隔对应的时隙长度为单位。与 PUSCH 调度时序类似，协议需要针对下行与上行子载波间隔不同的情况做特殊的规定，当 PDSCH 的子载波间隔小于或者等于 PUCCH 的子载波间隔时，编号为 n 的时隙为与 UE 接收 PDSCH 所在的时隙有时间重叠的上行时隙；当 PDSCH 的子载波间隔大于 PUCCH 的子载波间隔时，则编号为 n 的时隙为与 UE 接收 PDSCH 所在的时隙的结束时间相同的上行时隙。在上下行解耦技术中，PUCCH 配置在 SUL 载波上时，PDSCH 和 PUCCH 的子载波间隔可能不同，上述机制也支持确定上下行结构情况下的 PDSCH 接收和 PUCCH 的反馈时序。

6.4.2.2　PUCCH 反馈 UE 处理时间

由于 5G-NR 支持灵活的下行反馈时序，从协议机制层面，网络能够调度 UE 在接收到 PDSCH 后立即在 PUCCH 发送对应的 HARQ-ACK 信息，但是从 UE 能力的角度，UE 需要有足够的处理时间来解读 PDSCH 以及生成承载 HARQ-ACK 的 PUCCH，并且 UE 的处理时间不仅与 PDSCH 和 PUSCH 的子载波间隔相关，还受到其他诸多因素的影响。因此，协议需要规定 UE 处理 PDSCH 的能力以使网络设备能够设置合适的反馈时序。

协议中规定，UE 在接收到 PDSCH 的最后一个符号的时间，与 UE 发送承载该 PDSCH 对应的有效的 HARQ-ACK 的 PUCCH，或 PUSCH 的起始时间之间的时间差至少要大于 $T_{\text{proc},1} = [(N_1 + d_{1,1} + d_{1,2})(2048 + 144) \cdot \kappa^{2-\mu}] \cdot T_C$ [4]，其中，N_1 是 UE 的 PDSCH 处理能力对应的符号个数，与子载波间隔相关。需要说明的是，此处 N_1 以 UE 接收 PDCCH 的子载波间隔、接收 PDSCH 的子载波间隔和发送 HARQ-ACK 对应的子载波间隔中对应的处理时间最大的子载波间隔为参考，也就是以其中最小的子载波间隔作为参考。此外，$d_{1,1}$ 用于区分 PUCCH 和 PUSCH 承载 HARQ-ACK 所需的处理时间，当 HARQ-ACK 承载在 PUCCH 上时，$d_{1,1}=0$；当 HARQ-ACK 承载在 PUSCH 上时，$d_{1,1}=1$。在上下行解耦技术中，PDCCH/PDSCH 和 PUSCH/PUCCH 的子载波间隔可能不同，以上公式中的计算方法也适用于计算 PDSCH 接收和 SUL 载波发送 PUSCH/PUCCH 反馈 HARQ-ACK 的 UE 处理时间。

6.4.2.3 上行 UCI 的传输

上行控制信息（Uplink Control Information，UCI）包括 HARQ-ACK 信息、调度请求（Scheduling Request，SR）和信道状态信息（Channel State Information，CSI）。通常，UE 将这些信息承载在 PUCCH 上发送给基站，PUCCH 的传输机制如上节所述，此处不再赘述。

5G-NR 中支持 UCI 在 PUSCH 上的随路传输，当 UE 准备将 UCI 承载在 PUCCH 上发送，并且 PUCCH 与 PUSCH 在时间上有重叠，同时 UE 发送 PUSCH 和 PUCCH 满足 UCI 随路传输的处理时间要求时，UE 则将 UCI 承载在该 PUSCH 上发送，同时放弃发送 PUCCH。该 UE 行为适用于 PUSCH 与 PUCCH 在同一个上行载波上的场景，PUSCH 与 PUCCH 在不同小区的上行载波的场景，以及 PUSCH 与 PUCCH 在同一个小区的不同上行载波的场景。因此，对于配置了 SUL 的 UE，一旦 UE 被调度在不同上行载波上发送 PUCCH 和 PUSCH，且 PUCCH 和 PUSCH 在时间上有重叠，在满足处理时间要求的前提下，UE 则将原本需要在 PUCCH 上发送的 UCI，承载至另一个载波的 PUSCH 上进行随路传输，同时放弃原本需要传输的 PUCCH。

目前协议中定义的 SUL 与 TDD 的频段组合当中，SUL 频段所在的频点远小于 TDD 频段所在的频点，这使得运营商在实际网络的部署中，通常会将 SUL 载波的子载波间隔设置成小于 UL 子载波间隔的取值，一种典型的配置为 SUL 载波采用 15 kHz 的子载波间隔，而 UL 载波采用 30 kHz 子载波间隔。因此，5G-NR 也进行标准化，在 UL 子载波间隔大于 SUL 载波的情况下的随路传输机制。针对 PUCCH 的子载波间隔小于 PUSCH 子载波间隔的情况，UE 准备发送的 PUCCH 可能会与用户发送的多个 PUSCH 在时间上有重叠，此时 UE

只将 UCI 承载在多个 PUSCH 中第一个能够满足处理时间要求的 PUSCH 上，这能够最大限度地降低网络接收 UCI 的时延。而对于 PUCCH 的子载波间隔大于 PUSCH 子载波间隔的情况，UE 准备发送的一个 PUSCH 可能与多个 PUCCH 在时间上有重叠，此时对于每个 PUCCH，UE 分别按照单个 PUCCH 与 PUSCH 重叠的行为进行处理即可，协议无须额外规定 UE 行为。

6.5　上行测量信号发送

5G-NR 中的上行测量信号仅包括探测参考信号（Sounding Reference Signal，SRS），SRS 是以 BWP 为单位配置的，对于配置了 SUL 载波的 UE，网络可以分别在 UL 和 SUL 上的 BWP 中为该 UE 都配置 SRS 资源。SRS 按照时间维度的周期特性，可以分为周期 SRS、半静态 SRS 和非周期 SRS 三类，其中，周期 SRS 在网络为 UE 配置 SRS 资源完成后，UE 即默认开始周期性地发送 SRS。而对于半静态 SRS 和非周期 SRS，网络需要额外分别发送 MAC 层和物理层的通知信令以触发 UE 发送 SRS。

6.5.1　半静态 SRS 激活/去激活机制

针对半静态 SRS，网络可以通过给 UE 发送相应的 MAC 控制单元激活或去激活相应的 SRS 资源。该 MAC 控制单元的格式如图 6-13 所示：

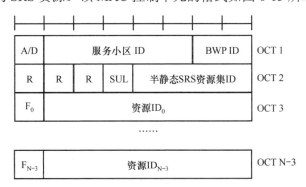

图 6-13　用于激活/去激活半静态 SRS 的 MAC 控制单元格式[5]

该 MAC 控制单元包含了 1 比特指示域，该 1 比特指示域标识当前 MAC 控制单元，是用于激活所指示的半静态 SRS 资源或是用于去激活半静态 SRS 资源，同时，该 MAC 控制单元中除携带了用于指示半静态 SRS 资源所属的服务小区标识和 BWP 标识之外，还携带了用于指示激活/去激活的 SRS 资源所属的上行载波是 UL 还是 SUL，如图 6-13 所示的 "SUL" 域，该域仅包含 1 比特，当该域的取值为 1 时，则标识激活/去激活为 SUL 载波上的 SRS 资源；当该域的取值为 0 时，则表示 UL 载波。UE 在接收到该 MAC 控制单元之后，即可确定激活/去激活的 SRS 所属的上行载波。此外，考虑到采用 MAC 控制单元对 SRS 进行触发为跨层触发，故需要在物理层对 UE 接收到携带在 MAC 控制单元中的 SRS 触发命令之后的生效时刻进行定义，以避免网络与 UE 出现不同理解。因此，协议中规定：当 UE 接收到携带用于激活/去激活半静态 SRS 的 MAC 控制单元的 PDSCH 之后，且 UE 在编号为 n 的时隙向网络反馈该 PDSCH 对应的 HARQ-ACK 时，UE 在编号为（$n+3\times X+1$）的时隙上执行接收到的 MAC 控制单元的命令。其中，X 代表以 UE 接收 PDSCH 所在载波的子载波间隔为基准的 1 个子帧中包括的时隙个数。

6.5.2　非周期 SRS 触发机制

针对非周期 SRS，网络能够在 DCI 中携带 SRS 请求字段用以触发 UE 在指定的资源上发送 SRS。与 LTE 系统类似，5G-NR 中既支持使用 UE 专用的 DCI 来触发 SRS，又支持使用组公共 DCI（Group Common DCI）触发 SRS。因为 UE 发送 SRS 和发送 PUSCH 为两个独立的传输过程，SRS 的传输并不依赖于 PUSCH，所以在上行调度 DCI 格式 0_1 和下行调度的 DCI 格式 1_1 中都携带有 SRS 请求字段，并且这两个格式的 DCI 中包含的 SRS 请求字段的解读方式相同。具体地说，当 UE 未配置 SUL 载波时，SRS 请求字段仅包含 2 比特，其中 "00" 状态指示不触发 SRS，另外三个非 0 状态分别对应三个预先由高层配置的 SRS 资源。当 UE 配置了 SUL 载波时，该指示域包含的比特数由 2 比特增加到 3 比特，其中，该指示域的第一个比特用于指示触发的 SRS 所在的上行载波为 SUL 载波或 UL 载波，剩余的 2 比特与未配置 SUL 载波时的指示域的解读方法相同。需要说明的是，对于配置了能够动态切换 PUSCH 载波的 UE，其检测的 DCI 格式 0_1 中已经携带了用于指示被调度的 PUSCH

所属的上行载波的指示域，此处 SRS 请求字段中包含的 1 比特 UL/SUL 指示域与 PUSCH 所在的上行载波的指示域为两个独立的字段，二者的取值可以相同也可以不同，即同一个 DCI 格式 0_1 调度的 PUSCH 和触发的 SRS 可以在同一小区中不同的上行载波上。

与 LTE 类似，5G-NR 中也定义了对一组 SRS 进行功率控制的 DCI 格式，即 DCI 格式 2_3。在该 DCI 中，SRS 请求能够和功率控制命令一起传输。具体来说，DCI 格式 2_3 中包含了多个指示信息块，每个指示信息块都可以携带 SRS 请求字段以触发非周期 SRS，其中，SRS 请求字段同样为包含 2 比特的指示域，具体解读方法与 DCI 格式 0_1 以及 DCI 格式 1_1 中的指示域的解读方法相同。但是，对于配置了 SUL 的 UE，DCI 格式 2_3 中的 SRS 请求字段仍然只包含 2 比特。该 DCI 中的每个指示信息块对应了一个 UE 的一个上行载波，网络会预先通过高层信令为 UE 配置其指示信息块在对应的 DCI 格式 2_3 中的位置。在上下行解耦中，对于配置了 SUL 的 UE，网络可以为其配置两个指示信息块的位置，一个位置对应 SUL 载波，另一个位置对应 UL 载波，从而能够灵活地触发不同上行载波上的非周期 SRS。

6.6 TDD、SUL、FDD 上下行资源配置和 SFI 机制

5G-NR 相比于 LTE 支持更加灵活的上下行帧结构配置。5G-NR 支持以半静态配置的方式和动态时隙格式指示（Slot Format Indicator，SFI）的方式对传输方向进行配置，其中半静态配置的方式又分为半静态小区公共上下行配置和半静态用户特定上下行配置。

6.6.1 半静态小区公共上下行配置

半静态小区公共上下行配置对小区中的所有 UE 都生效，其指示的传输方向具有最高的优先级。换而言之，任何被半静态小区公共上下行配置指示为上行或下行的符号不能被其他信令改写成灵活符号或其他方向符号。

一个半静态小区公共上下行配置包括参考子载波间隔和上下行资源分配图样，其中的一个上下行资源分配图样包括：

> 一个上下行切换周期中从起始位置开始连续的下行时隙数；
> 最后一个完整的下行时隙之后的时隙中连续的下行符号数；
> 一个上下行切换周期中在结束位置之前连续的上行时隙数；
> 第一个完整的上行时隙之前的时隙中连续的上行符号数；
> 周期指示信息。

周期指示信息所指示的上下行切换周期可以为{0.5 ms，0.625 ms，1 ms，1.25 ms，2 ms，2.5 ms，5 ms，10 ms}中的一个，其中，0.625 ms 的周期仅适用于参考子载波间隔为 120 kHz 的情况，1.25 ms 的周期仅适用于参考子载波间隔为 60 kHz 和 120 kHz 的情况，2.5 ms 的周期仅适用于参考子载波间隔为 30 kHz、60 kHz 和 120 kHz 的情况。

以 5 ms 的切换周期、15 kHz 的 SCS 为例，此时一个时隙的时间长度为 1 ms。半静态小区公共上下行配置如图 6-14 所示，图中给出了一个该配置下使用半静态小区公共上下行配置的示例。

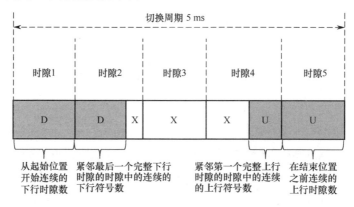

图 6-14   半静态小区公共上下行配置

在图 6-14 中，"X"表示该符号/时隙是灵活的符号/时隙，它们可以不用于信号传输，而作为上下行切换的保护间隔，或者其传输方向可以根据系统调度成为上行或下行符号/时隙，或者被半静态 UE 特定上下行 RRC 配置或动态时隙格式指示改写成上行或下行符号/时隙。

另外，5G-NR 中还支持在半静态小区公共上下行配置中指示两个上下行图样。当存在第二个上下行图样时，第二个图样拼接在第一个图样之后。两个半静态小区公共上下行图样如图 6-15 所示。

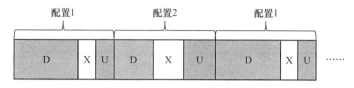

图 6-15　两个半静态小区公共上下行图样

此外，协议还规定，第二个上下行图样的参考子载波间隔与第一个上下行图样的参考子载波间隔相同，且第二个上下行图样的周期与第一个上下行图样的周期之和要能够整除 20 ms。在这种情况下，上下行传输方向的切换周期是第一个图样与第二个图样的周期之和。

6.6.2　半静态用户特定上下行配置

半静态用户特定上下行配置是 5G-NR 小区对每个 UE 独立配置的。该配置可以针对任意一个上下行切换周期中的每个时隙，指示该时隙中的符号的传输方向。

一个时隙中的 OFDM 符号可以配置为，都是下行符号，或都是上行符号，或者显式配置各符号的上下行传输方向，具体地说，时隙格式配置包括从时隙起始 OFDM 符号开始的连续的下行符号数，时隙结束 OFDM 符号之前连续的上行符号数。

以 5 ms 的切换周期、15 kHz 的 SCS 为例，此时一个时隙的时间长度为 1 ms。半静态用户特定上下行配置如图 6-16 所示，图中给出了一个使用半静态用户特定上下行配置的示例，其中小区对第一、第三和第五个时隙的传输方向进行了配置。

用户特定上下行配置中所指示的上下行传输方向仅能改写小区公共上下行配置中指示为"灵活"的符号，而不可以把小区公共上下行配置中已经指示为下行或上行的符号改写成相反的方向，或改写成"灵活"。上下行解耦只为小区中的 TDD 载波配置小区级和用户级的上下行资源。

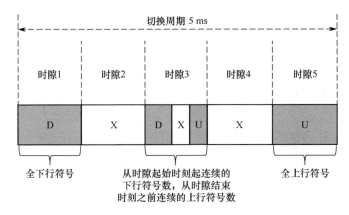

图 6-16 半静态用户特定上下行配置

6.6.3 动态时隙格式指示

与半静态上下行配置不同,动态时隙格式指示不仅可以用于 5G-NR TDD,还可以用于 5G-NR FDD,以及上下行解耦中的 SUL。在动态时隙格式指示方式中,5G-NR UE 需要周期性地检测包含 SFI 的 DCI (格式为 DCI 格式 2_0),并根据 DCI 格式 2_0 中的指示信息和网络为其配置的高层信息,确定在一个上下行切换周期中各时隙/符号的传输方向。

动态时隙格式指示信息相关的配置如图 6-17 所示,网络首先为 UE 配置图 6-17 中的高层信息[6]。

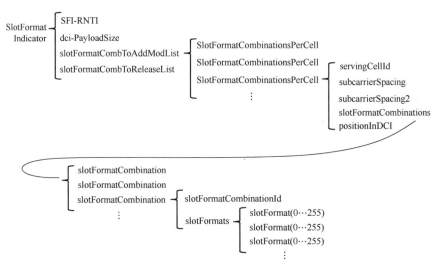

图 6-17 动态时隙格式指示信息相关的配置

其中，各参数的含义和作用如下：

➤ SFI-RNTI：专用于 DCI 格式 2_0 加扰的 RNTI。UE 只有获取 DCI 格式 2_0 的 RNTI 才能正确地检测出该 DCI。

➤ dci-PayloadSize：DCI 格式 2_0 的比特数。UE 只有获取 DCI 格式 2_0 的比特数才能正确地检测出该 DCI。

➤ SlotFormatCombinationsPerCell：一个特定的小区中为支持动态时隙格式所包含的高层配置信息。网络最多为一个 UE 配置 16 个 SlotFormatCombinationsPerCell。

➤ servingCellId：小区的 ID。

➤ subcarrierSpacing：参考子载波间隔。对于 TDD 小区，该参数指示了该 TDD BWP 的参考子载波间隔；对于 FDD 小区和配置了 SUL 的上下行解耦小区，该参数指示了该 FDD 小区的 DL BWP 的参考子载波间隔。

➤ subcarrierSpacing2：第二参考子载波间隔。该参数为可选参数，对于配置了 SUL 的上下行解耦小区，该参数指示了 SUL BWP 的参考子载波间隔；对于 FDD 小区，该参数指示了该 FDD 小区的 UL BWP 的参考子载波间隔。

➤ positionInDCI：该小区相关的 SFI 指示信息对应的字段在 DCI 中的位置。通常 DCI 格式 2_0 中包含多个小区的 SFI 指示信息，因此 UE 需要获知 DCI 中 SFI 指示信息字段与小区的对应关系。

➤ slotFormatCombinations：时隙格式集。一个时隙格式集包含了一个或多个时隙格式；UE 最多可以在一个 SlotFormatCombinationsPerCell 中配置 512 个时隙格式集。

➤ slotFormatCombinationId：时隙格式集的 ID。包含 SFI 指示信息的 DCI 所指示的时隙格式的 ID 值；若 DCI 指示了某个 ID，代表着在该 DCI 对应的上下行周期中，使用该时隙格式集中的时隙格式来指示上下行传输方向。

➤ slotFormats：包含一个或多个时隙格式。每个时隙格式为一个 8 比特的索引（0～255），代表了 TS 38.213[3] 的 Table 11.1.1-1 中定义的某个时隙格式。Table 11.1.1-1 摘录见表 6-9，其中"D""U""F"分别表示一个符号的传输方向是下行、上行或灵活。

表 6-9 普通循环前缀对应的时隙格式[3]

Format	Symbol number in a slot													
	0	1	2	3	4	5	6	7	8	9	10	11	12	13
0	D	D	D	D	D	D	D	D	D	D	D	D	D	D
1	U	U	U	U	U	U	U	U	U	U	U	U	U	U
2	F	F	F	F	F	F	F	F	F	F	F	F	F	F
3	D	D	D	D	D	D	D	D	D	D	D	D	D	F
4	D	D	D	D	D	D	D	D	D	D	D	D	F	F
5	D	D	D	D	D	D	D	D	D	D	D	F	F	F
6	D	D	D	D	D	D	D	D	D	D	F	F	F	F
7	D	D	D	D	D	D	D	D	D	F	F	F	F	F
8	F	F	F	F	F	F	F	F	F	F	F	F	F	U
9	F	F	F	F	F	F	F	F	F	F	F	F	U	U
10	F	U	U	U	U	U	U	U	U	U	U	U	U	U
11	F	F	U	U	U	U	U	U	U	U	U	U	U	U
12	F	F	F	U	U	U	U	U	U	U	U	U	U	U
13	F	F	F	F	U	U	U	U	U	U	U	U	U	U
14	F	F	F	F	F	U	U	U	U	U	U	U	U	U
15	F	F	F	F	F	F	U	U	U	U	U	U	U	U
16	D	F	F	F	F	F	F	F	F	F	F	F	F	F
17	D	D	F	F	F	F	F	F	F	F	F	F	F	F
18	D	D	D	F	F	F	F	F	F	F	F	F	F	F
19	D	F	F	F	F	F	F	F	F	F	F	F	F	U
20	D	D	F	F	F	F	F	F	F	F	F	F	F	U
21	D	D	D	F	F	F	F	F	F	F	F	F	F	U
22	D	F	F	F	F	F	F	F	F	F	F	F	U	U
23	D	D	F	F	F	F	F	F	F	F	F	F	U	U
24	D	D	D	F	F	F	F	F	F	F	F	F	U	U
25	D	F	F	F	F	F	F	F	F	F	F	U	U	U
26	D	D	F	F	F	F	F	F	F	F	F	U	U	U
27	D	D	D	F	F	F	F	F	F	F	F	U	U	U
28	D	D	D	D	D	D	D	D	D	D	D	D	F	U
29	D	D	D	D	D	D	D	D	D	D	D	F	F	U
30	D	D	D	D	D	D	D	D	D	D	F	F	F	U
31	D	D	D	D	D	D	D	D	D	D	D	F	U	U
32	D	D	D	D	D	D	D	D	D	D	F	F	U	U
33	D	D	D	D	D	D	D	D	D	F	F	F	U	U

（续表）

Format	Symbol number in a slot													
	0	1	2	3	4	5	6	7	8	9	10	11	12	13
34	D	F	U	U	U	U	U	U	U	U	U	U	U	U
35	D	D	F	U	U	U	U	U	U	U	U	U	U	U
36	D	D	D	F	U	U	U	U	U	U	U	U	U	U
37	D	F	F	U	U	U	U	U	U	U	U	U	U	U
38	D	D	F	F	U	U	U	U	U	U	U	U	U	U
39	D	D	D	F	F	U	U	U	U	U	U	U	U	U
40	D	F	F	F	U	U	U	U	U	U	U	U	U	U
41	D	D	F	F	F	U	U	U	U	U	U	U	U	U
42	D	D	D	F	F	F	U	U	U	U	U	U	U	U
43	D	D	D	D	D	D	D	D	D	F	F	F	F	F
44	D	D	D	D	D	D	F	F	F	F	F	F	U	U
45	D	D	D	D	D	D	F	F	U	U	U	U	U	U
46	D	D	D	D	D	F	U	D	D	D	D	D	F	U
47	D	D	F	U	U	U	U	D	D	F	U	U	U	U
48	D	F	U	U	U	U	U	D	F	U	U	U	U	U
49	D	D	D	D	F	F	U	D	D	D	D	F	F	U
50	D	D	F	F	U	U	U	D	D	F	F	U	U	U
51	D	F	F	U	U	U	U	D	F	F	U	U	U	U
52	D	F	F	F	F	F	U	D	F	F	F	F	F	U
53	D	D	F	F	F	F	U	D	D	F	F	F	F	U
54	F	F	F	F	F	F	F	D	D	D	D	D	D	D
55	D	D	F	F	F	U	U	U	D	D	D	D	D	D
56~254	Reserved													
255	UE determines the slot format for the slot based on tdd-UL-DL-ConfigurationCommon, tdd-UL-DL-ConfigurationCommon2, or tdd-UL-DL-ConfigDedicated and, if any, on detected DCI formats													

　　当网络通过动态 SFI 指示传输方向时，UE 根据 SFI-RNTI 和 dci-PayloadSize 以及其他信息，如搜索空间、控制资源集（Control Resource Set，CORESET）信息，在每个 SFI 指示周期中检测 DCI 格式 2_0（DCI format 2_0）。在成功检测到 DCI format 2_0 后，UE 根据 positionInDCI，获知 ID 为 servingCellId 所对应的小区中应当使用的时隙格式集的序号，即 slotFormatCombinationId，并使用该 ID 对应的 slotFormatCombination 中的时隙格式索引按顺序依次确定该周期中的时隙/符号的传输方向。

动态时隙格式指示如图 6-18 所示，图 6-18 给出了一个例子，即假设上下行 SFI 指示周期为 5 ms、子载波间隔为 15 kHz。

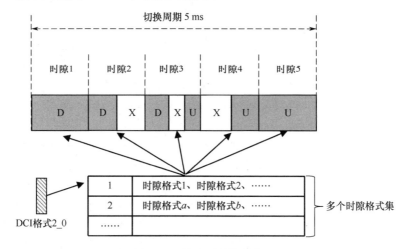

图 6-18　动态时隙格式指示

应当注意的是，高层配置的参考子载波间隔与 BWP 的子载波间隔可能不同，但标准规定，参考子载波间隔总是不大于任何所要指示的 BWP 的子载波间隔。从时域上看，参考时隙的符号的"颗粒度"较大，而实际时隙的符号的"颗粒度"较小，因此总是能保证实际时隙中的符号可以拼凑成所指示的时隙格式的样式。对于传统的 TDD 小区，假设 subcarrierSpacing 指示的参考子载波间隔参数为 μ_{SFI}（即实际参考子载波间隔为 $2^{\mu_{\text{SFI}}} \times 15 \text{ kHz}$），实际的 BWP 的子载波间隔参数为 μ，则总有 $\mu \geqslant \mu_{\text{SFI}}$，并且，每个 slotFormats 所代表的时隙格式将用于指示实际 BWP 中的连续 $2^{(\mu - \mu_{\text{SFI}})}$ 个时隙。参考时隙格式指示实际时隙的传输方向如图 6-19 所示，图 6-19 给了一个例子，即假设 $\mu_{\text{SFI}} = 0$，$\mu = 1$。

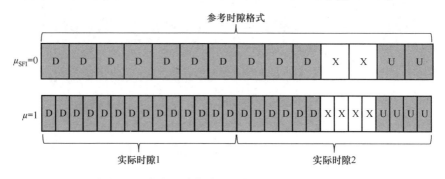

图 6-19　参考时隙格式指示实际时隙的传输方向

对于 FDD 或者上下行解耦的 TDD+SUL 的场景，时隙格式指示的方式与 TDD 中方法类似。但需要注意的是，由于 FDD 中 DL 和 UL 的参考子载波间隔可以不相同，TDD+SUL 中 TDD 和 SUL 的参考子载波间隔也可以不相同。以 FDD 为例，如果 subcarrierSpacing 指示的 DL BWP 的参考子载波间隔参数为 $\mu_{SFI,DL}$，subcarrierSpacing2 指示的 UL BWP 的参考子载波间隔参数为 $\mu_{SFI,UL}$；若 $\mu_{SFI,DL} \geqslant \mu_{SFI,UL}$，则 slotFormatCombination 中的每 $2^{\mu_{SFI,DL}-\mu_{SFI,UL}}+1$ 个 slotFormats 中的前 $2^{\mu_{SFI,DL}-\mu_{SFI,UL}}$ 个 slotFormat 指示 DL BWP 中的时隙格式，后 1 个 slotFormat 指示 UL BWP 中的时隙格式；反之，若 $\mu_{SFI,DL} < \mu_{SFI,UL}$，则 slotFormatCombination 中的每 $2^{\mu_{SFI,UL}-\mu_{SFI,DL}}+1$ 个 slotFormats 中的第 1 个 slotFormat 指示 DL BWP 中的时隙格式，后 $2^{\mu_{SFI,UL}-\mu_{SFI,DL}}$ 个 slotFormat 指示 UL BWP 中的时隙格式。

对于 TDD+SUL 的情况，则可依照上述 FDD 中的方法处理。更进一步地，若参考子载波间隔 $\mu_{SFI,DL}$、$\mu_{SFI,UL}$ 与实际 DL BWP、UL BWP 的子载波间隔不同，则可依照上述 TDD 中的方法处理。

5G-NR 对半静态配置/动态指示的传输方向的支持带来了许多便利。例如，灵活的上下行帧结构使得 5G-NR 可以适配不同时间、不同地域、不同特征的业务（如大速率的 eMBB 传输、低时延的 uRLLC）的传输需求；再如，灵活的帧结构配置使得 5G-NR 可以配置出与任意 LTE 所支持的上下行帧结构相同的传输方向，在 5G-NR 与 LTE 同频或邻频共存时可以避免系统间的干扰。

6.7　信道栅格与同步栅格设计

6.7.1　信道栅格设计

5G-NR 中的信道栅格（Channel Raster）定义为射频参考频率所组成的频率集合，用来标识 5G-NR 载波带宽的频率的位置，并且任意一个载波的射频参考频率都需要映射在对应载波的某个子载波上。LTE 中的信道栅格包含了 100 kHz

整数倍的频率，即 LTE 载波的射频参考频率的位置只能位于 100 kHz 的整数倍上。考虑到 5G-NR 支持更大的载波带宽，如 100 MHz 的载波带宽，为了便于网络在一个载波带宽中同时服务支持不同带宽能力的 UE，通常网络能够为支持宽带的 UE 配置 100 MHz 的载波带宽，而为仅能支持较窄带宽的 UE 配置该 100 MHz 中的部分带宽，如 50 MHz 的载波带宽。若 5G-NR 仍然沿用 LTE 中 100 kHz 的信道栅格设计，则 100 MHz 的载波和 50 MHz 的载波的中心位置都需要在 100 kHz 的整数倍上，并且为了让支持不同带宽能力的 UE 能够采用频分的方式复用资源，50 MHz 载波中的子载波需要与 100 MHz 载波的子载波对齐，这样往往会导致 100 MHz 的载波与 50 MHz 载波的 PRB 网格不对齐。采用 100 kHz 信道栅格且子载波对齐时的 PRB 网格示意图如图 6-20 所示。此时，网络不但在基带信号生成方面会变得更复杂，而且也无法灵活高效地实现不同 UE 的资源复用，降低网络的频谱效率。

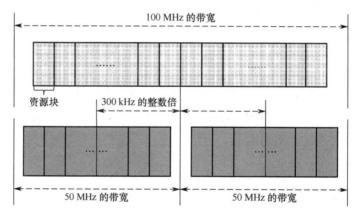

图 6-20　采用 100 kHz 信道栅格且子载波对齐时的 PRB 网格示意图

为此，在制定标准的讨论过程中，曾将以 PRB 为粒度的信道栅格设计作为候选方案。以 15 kHz 子载波间隔为例，一个频域 PRB 占用 180 kHz 的频域宽度，若将信道栅格值设定为 180 kHz，即载波的中心频率必须放置在 180 kHz 的整数倍对应的频率位置上，则对于上述情况，100 MHz 的载波中心与 50 MHz 的载波中心之间的频率差距将总为 180 kHz 的整数倍，从而能够保证两个载波之间的 PRB 网格对齐。需要说明的是，180 kHz 的信道栅格设计相比于 LTE 原本 100 kHz 的信道栅格，会使得全频带上可用于放置载波中心频率的频率位置变得更稀疏，这无疑会给运营商的网络部署造成更多的限制，如在运营商已有的频谱内放置信道会造成保护带不对称的问题等。基于此，在标准讨论过程中，有公司提出采用以子载波间隔的大小为粒度的信道栅格设计[19]，以便让运营商在部署载波时能够获得最大限度的灵活度。具体来说，对于 6 GHz以下的频段，推荐采用 15 kHz 的信道栅格，对于 6 GHz 以上的频段，推荐采用 60 kHz 的信道栅格。采用这种设计，既能够保证网络以 FDM 方式调度不同带宽的 UE 时的资源使用效率，又能够保证在运营商已有的频谱内放置信道时保护带的基本对称。

但是，对于 3 GHz 以下的频段，LTE 已经大规模部署，大部分运营商在未来很长时间内将处于 LTE 与 5G-NR 联合部署的模式中，即 LTE 与 5G-NR 共享相同的频段。在这些频段上，若 5G-NR 采用 15 kHz 的信道栅格值，则为了让 LTE与 5G-NR 共存时子载波对齐以避免相互干扰，LTE 只能部署在 300 kHz 的整数倍上，这给 LTE 的部署造成了额外的限制。为了避免引入额外的限制，最终 5G-NR确定在 0～3 GHz 的频段内，对于有与 LTE 共存需求的频段，5G-NR 采用 100 kHz的信道栅格值，而在 0～3 GHz 的频段内没有与 LTE 共存需求的频段以及 3～24.25 GHz 的频段，5G-NR 采用 15 kHz 或 30 kHz 的信道栅格值。另外，对于24.25 GHz 以上的频段，5G-NR 采用 60 kHz 的信道栅格值。100 kHz 的信道栅格设计使得在上下行解耦，以及共享载波的上下行共存场景中，5G-NR 都可以与 LTE 系统有机共享频谱，而不需要在 5G-NR 和 LTE 间放置额外的保护频带。

此外，5G-NR 系统中也采用绝对无线频道号（Absolute Radio Frequency Channel Number，ARFCN）来标识信道栅格所在的频率位置。考虑在 0～3 GHz的频段内，同时存在 100 kHz、15 kHz 以及 30 kHz 三种信道栅格值，为了能采用一套编号对多种不同的信道栅格值对应的信道栅格进行编号，在 3 GHz 以下的频段，5G-NR 定义了 5 kHz 作为频率栅格编号的粒度；而对于 3～24.25 GHz之间的频段，直接采用 15 kHz 作为频率栅格编号的粒度；对于 24.25 GHz 以上的频段，则采用 60 kHz 作为频率栅格编号的粒度[7]。

6.7.2　同步栅格设计

5G-NR 中的同步栅格（Synchronization Raster）定义为同步信号中心子

载波所在的频点组成的集合。在 LTE 系统中，同步栅格与信道栅格采用了相同的设计，任意一个载波中仅有一个同步信号，并且同步信号的中心所在的频率与该同步信号所属载波的中心所在的频率相同，即同步信号所在的频率位置必须为 100 kHz 的整数倍。在这种设计下，UE 在发起初始接入时通常需要以 100 kHz 为间隔搜索同步信号，直到搜索到可用的网络才停止搜索。考虑到 100 kHz 的同步栅格粒度较小，这会使得 UE 每次初始接入时搜索同步信号的次数非常多，既增加了 UE 进行同步所需的时间，又增加了 UE 的能量消耗，并且 5G-NR 的新频谱的增加和大带宽的应用，进一步增加了 UE 搜索同步信号的时间和复杂度。为了能够降低 UE 初始接入过程中的功耗，同时提升终端初始接入的速度，5G-NR 中定义的同步栅格比信道栅格更加稀疏。

在标准讨论中，曾考虑采用以 900 kHz 为间隔的同步栅格，同时为了弥补由于稀疏的同步栅格间隔与相对密集的信道栅格的匹配问题，比如，考虑采用同步栅格的频率为 $N\times900$ kHz$+M\times5$ kHz，其中 $M=\{-1,0,1\}$，从而将连续的三个间距为 5 kHz 的同步栅格位置看作一组，由于每组中的三个频率的间隔较小，无论网络将同步信号的中心放在这三个频率中的哪一个，UE 只需要采用一个频率即可完成粗同步，无须分别进行三次同步，这非常有利于降低 UE 的能耗和同步所需的时间。

但是，考虑到在 3 GHz 以下且与 LTE 有共存需求的 5G-NR 频段定义的信道栅格值为 100 kHz，若按照上述 $N\times900$ kHz$+M\times5$ kHz 的同步栅格设计，则对于载波的中心放在 $N\times900$ kHz$+100/200/400/500$ kHz 的频率上，并且同步信号和 PDSCH 等信号子载波间隔都为 30 kHz 的情况，同步信号与 PDSCH 等信道之间无法实现子载波对齐，使得二者在频分复用时将受到子载波间干扰。

信道栅格与同步栅格如图 6-21 所示。为了避免该问题，最终 5G-NR 采用了图 6-21 中的同步栅格设计，即同步栅格的频率为 $N\times1200$ kHz$+M\times100$ kHz$+150$ kHz，其中 $M=\{-1,0,1\}$，具体每三个连续的同步栅格频率为一组，其相邻的同步栅格频率的间隔为 100 kHz，同时相邻的同步栅格频率组中对应位置的频率间距为 1200 kHz，这样能够实现同步栅格频率位置的灵活性和 UE 初始接入功耗的折中。另外，通常运营商在 3 GHz 以下的频段上拥有的频谱较少，而在 3 GHz 以上的频段中拥有更多的频谱，为了进一步降低 UE 在高频频段上搜索同步信号的所需时间，5G-NR 中为 3 GHz 以上的频段定义了更加稀疏的同步栅格。具体来说，对于 3～24.25 GHz 的频段，同步栅格的频率位置为 3000 MHz + $N \times 1.44$ MHz；对于 24.25 GHz 以上的频段，同步栅格的频率位置为 24 250.08 MHz + $N \times 17.28$ MHz。[7, 8]

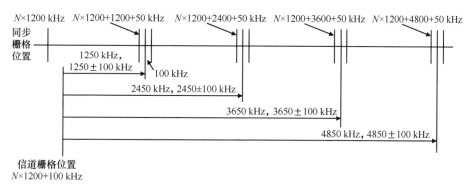

图 6-21　信道栅格与同步栅格

6.8　上行子载波对齐与不对齐

6.8.1　非对齐干扰

在 LTE 系统中，上行传输和下行传输采用了不同的子载波映射方式，LTE 和 5G-NR 上下行子载波映射如图 6-22 所示。具体来说，对于 LTE 下行传输，载波频率位置与载波的中心子载波的频率位置相同，同时考虑到 LTE 中的发送端的上变频频率往往放在中心子载波的位置上，该上变频频率由于存在功率泄漏，会对与其位置相同的子载波造成干扰，影响该子载波上承载数据的性能，因此 LTE 系统将下行中心子载波进行预留，即该子载波位置上不承载任何有用信号，也不属于可分配资源。但是对于 LTE 上行，由于采用了 DFT-S-OFDM 的单载波波形以保证较低的峰均值功率比，若仍将中心子载波进行预留，则会影响上行信号的单载波特性。因此，LTE 上行在映射子载波时引入了半个子载波的偏移，使得上变频频率放在两个子载波中间的波谷位置，让直流造成的干扰平摊给两侧的子载波，从而降低干扰对单个子载波造成的影响。

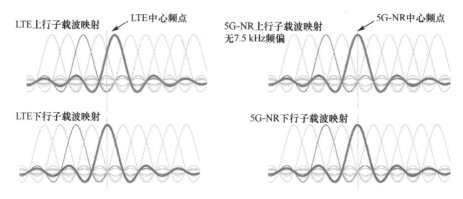

图 6-22　LTE 和 5G-NR 上下行子载波映射

随着通信系统的演进以及技术的更新，在 5G-NR 系统中，通信设备已经能大幅度地抑制直流信号对带宽中心位置造成的干扰，因此 5G-NR 系统中无论上行还是下行都无须将直流信号所在的子载波进行预留。需要说明的是，5G-NR 系统中支持灵活双工技术，每个小区的上下行帧结构可以动态灵活地配置，并且同一个运营商的不同基站也能够配置不同的上下行帧结构，以适应不同业务需求。当然，这也会引入小区间的交叉链路干扰，如在某一时刻，下行小区的基站将对邻近的上行小区的基站造成强干扰。为了能够让接收端有效地对交叉链路干扰进行抑制，在 5G-NR 标准讨论的初期，对于上行和下行仅定义了一种子载波映射方式，载波的中心子载波将映射在载波频率位置（即与 LTE 下行的子载波映射方式相同），这样能够让接收端采用先进接收机在基带对干扰进行有效抑制。

针对 LTE 与 5G-NR 上行共享场景，上述内容已经介绍了 LTE 与 5G-NR 采用频分复用的资源共享方式在频谱效率和灵活性方面的优势，但是在子载波映射方面，LTE 上行与 5G-NR 上行采用了不同的子载波映射方式。针对 5G-NR 采用 15 kHz 的子载波间隔的情况，5G-NR 的子载波相对于 LTE 的子载波存在 7.5 kHz 的频率偏移，这将使得 LTE 与 5G-NR 进行上行频分复用时子载波间会出现干扰。虽然 5G-NR 系统中可以采用滤波 OFDM（Filtered-OFDM，

F-OFDM）以及加权重叠相加（Weighted Overlap and Add，WOLA）等时域或频域滤波技术，能够一定程度地降低带外干扰，但是 LTE 的设备并不一定能够支持发送/接收滤波，无法对抗 5G-NR 信号对其造成的干扰。因此，只能通过为 LTE 和 5G-NR 之间预留频域保护间隔来降低子载波间干扰。在标准讨论过程中，文稿[13]对 LTE 与 5G-NR 子载波间存在频率偏移进行了仿真评估，同时根据 TS 38.101[7]中定义的终端接收指标，可以得出结论：对于采用正交相移键控（Quadrature Phase Shift Keying，QPSK）的信号，至少需要预留 1 个 PRB 即 180 kHz 的保护间隔才能满足终端指标，而对于 16QAM 和 64QAM 的调制方式，至少需要预留 2 个和 3 个 PRB 的保护间隔才能满足终端指标。尤其是 LTE 系统中同时存在许多 eMTC 和 NB-IoT 的终端的情况，这些终端的发送往往需要通过跳频传输来提升传输的可靠性，这将使得 LTE 信号与 5G-NR 信号间隔地使用整个载波带宽，从而需要预留大量的保护间隔，极大地降低了频谱效率。基于此，5G-NR 系统针对与 LTE 有上行共存需求的频段，包括 SUL 频段和部分 FDD 上行频段支持上行子载波映射偏移 7.5 kHz，来与 LTE 的子载波对齐，简单直接地避免了二者之间的子载波间干扰。15 kHz 子载波间隔配置下 LTE 与 5G-NR 的上行子载波映射如图 6-23 所示。

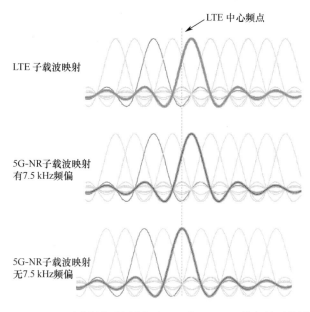

图 6-23　15 kHz 子载波间隔配置下 LTE 与 5G-NR 的上行子载波映射

6.8.2　7.5 kHz 的上行偏移

本节分别从标准协议和实现两个方面介绍 5G-NR 上行 7.5 kHz 的频率偏移。在协议层面，LTE 标准中在定义上行 DFT-S-OFDM 信号的基带生成公式时，已经将半个子载波的频率偏移考虑在内。而在 5G-NR 协议中，并没有将 7.5 kHz 的偏移在 TS 38.211[1]中的基带信号生成公式中体现，而是在定义载波射频参考频率时将该频率偏移包括在内。这样处理的原因是，5G-NR 上行支持 7.5 kHz 的子载波偏移是与频段相关联的，只有在有 LTE 与 5G-NR 上行共享需求的频段中才需要 5G-NR 的上行偏移 7.5 kHz，而对于没有上行共享需求的频段，5G-NR 无须让上行进行频率偏移。因此，为了标准化的简便，最终 5G-NR 在 TS 38.101[7]中规定，对于 SUL 频段、FDD 频段 n1、n2、n3、n5、n7、n8、n20、n28、n66 和 n71，载波的实际参考频率位置相对于 100 kHz 的栅格位置可以有 7.5 kHz 的偏移。另外，对于上述支持 7.5 kHz 偏移的频段，5G-NR 协议中并没有限定上行信号一定要进行 7.5 kHz 的频率偏移，该频率偏移可以灵活配置。在信令层面，网络在系统消息中会为小区中的每个上行载波配置信息单元 FrequencyInfoUL，在该信息单元中可以携带 frequencyShift7p5khz 字段，当 FrequencyInfoUL 中携带了 frequencyShift7p5khz 字段时，该小区中的 UE 在该上行载波上需要偏移 7.5 kHz；当 FrequencyInfoUL 中未携带 frequencyShift7p5khz 字段时，该小区中的 UE 在该上行载波上不进行频率偏移。

从实现层面考虑，LTE 协议中限制了 UE 生成 DFT-S-OFDM 基带信号时需要实现半个子载波的偏移，而 5G-NR 系统并没有限制 UE 必须在生成基带信号时实现 7.5 kHz 的偏移，UE 可以在对基带信号进行上变频时将基带信号搬移到 NR-ARFCN 对应的载波频率偏移 7.5 kHz 的实际载波参考频率上，这种方法同样能够实现 7.5 kHz 的偏移。需要说明的是，对于 EN-DC UE，由于其已经拥有一套锁相环链路用于锁定 LTE 侧的载波频率，若 UE 在基带信号生成时即完成了 7.5 kHz 的偏移，则该 UE 在 5G-NR 侧能够直接共享 LTE 的锁相环，无须进行额外的频率调整。若 UE 在射频信号上实现 7.5 kHz 的频率偏移，则该 UE 需要为 5G-NR 锁定与 LTE 载波频率偏移 7.5 kHz 的频率，从而 UE 在实现 LTE 与 5G-NR 的分时发送过程中，需要频繁地调整锁相环的频率，或者 UE 需要配备两套锁相环链路。显然，7.5 kHz 的频率偏移在基带实现方面更适合于 EN-DC UE，但是考虑到其是实现问题，标准上并未对其进行限定。

6.8.3　PRB 对齐

针对采用频分复用方式实现 LTE 与 5G-NR 上行共享的方案，保证 LTE 与 5G-NR 之间的子载波对齐能够避免 LTE 与 5G-NR 之间的子载波间干扰。但是由于 5G-NR 系统中最小的调度粒度仍为一个 PRB，如果 LTE 与 5G-NR 的 PRB 网格不对齐，则无论采用静态、半静态或是动态的资源共享机制，都会导致 LTE 和 5G-NR 频域资源相邻边界处的部分频率资源无法使用，降低网络的频谱效率，增加网络调度机制的复杂性。当 LTE 与 5G-NR 的 PRB 网格对齐时，能够让 5G-NR 获得最多可用的频域 PRB，而当 LTE 与 5G-NR PRB 网格不对齐时，会减少 5G-NR 可用的频域 PRB 个数。LTE 和 5G-NR 在频域上 PRB 不对齐时部分子载波出现了浪费，如图 6-24 所示。因此，在 LTE 与 5G-NR 上行共享的载波上，需要同时让二者的子载波和 PRB 网格都对齐，才能够避免频域资源的浪费。

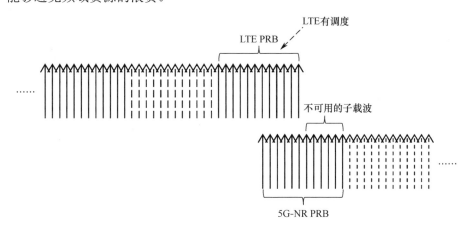

图 6-24　LTE 和 5G-NR 在频域上 PRB 不对齐时部分子载波出现了浪费

在前面介绍信道栅格设计的章节中，已经介绍了 5G-NR 中采用以子载波间隔为粒度的信道栅格的优点。而对于 3 GHz 以下与 LTE 有共存需求的频段，仍然采用与 LTE 相同的 100 kHz 的信道栅格，其目的就是为了能够确保对于任意的 LTE 载波，都能够实现 5G-NR 与 LTE 的子载波和 PRB 网格的对齐。

另外，LTE 系统中最大的频谱利用率为 90%，即仍有 10%的频率资源预留为不同载波间的保护带宽。由于 5G-NR 系统中采用了更先进的滤波技术，使得在实现相同的带外抑制要求的前提下，带内边缘区域的插损更小，从而能够在相同的带宽内支持更多的频域 PRB。在 TS 38.101[7]协议中定义了不同带宽内各子载波间隔下支持的最大 PRB 个数，详见表 6-10。

表 6-10　最大传输带宽配置 N_{RB}[7]

SCS (kHz)	5 MHz	10 MHz	15 MHz	20 MHz	25 MHz	30 MHz	40 MHz	50 MHz	60 MHz	80 MHz	90 MHz	100 MHz
	N_{RB}	N_{RB}	N_{RB}	N_{RB}	N_{RB}	N_{RB}	N_{RB}	N_{RB}	N_{RB}	N_{RB}	N_{RB}	N_{RB}
15	25	52	79	106	133	160	216	270	N/A	N/A	N/A	N/A
30	11	24	38	51	65	78	106	133	162	217	245	273
60	N/A	11	18	24	31	38	51	65	79	107	121	135

以 20 MHz 的带宽为例，LTE 中网络能够配置的 PRB 个数为 100 个，频谱使用效率为 90%，而 5G-NR 中最大支持的 PRB 个数为 106 个，频谱利用率已经超过了 95%。5 MHz、10 MHz、15 MHz 和 20 MHz 信道带宽中 LTE 和 5G-NR PRB 网格对齐情况如图 6-25 所示，可以看出，对于 15 kHz 的子载波间隔和相同的系统带宽配置，LTE 和 5G-NR 的可用 PRB 数差别为偶数，对于上行 PRB 的网格，LTE 和 5G-NR 配置为相同的中心载波的情况下总是对齐的。在这种情况下，LTE 和 5G-NR 的用户在频域上进行频分复用时子载波和 PRB 是完全对齐的。LTE 与 5G-NR 用户频分复用如图 6-26 所示。

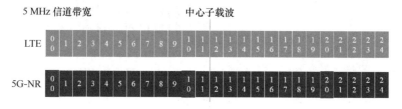

图 6-25　LTE 和 5G-NR PRB 网格对齐情况

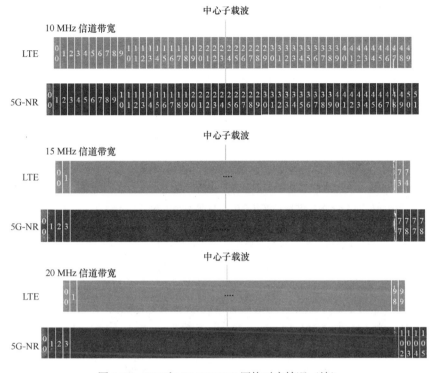

图 6-25　LTE 和 5G-NR PRB 网格对齐情况（续）

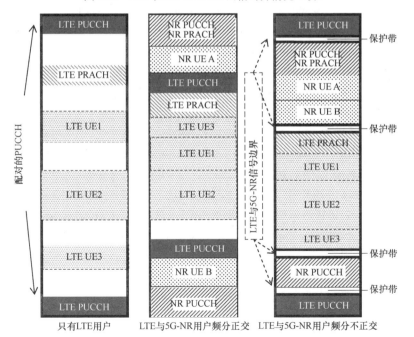

图 6-26　LTE 与 5G-NR 用户频分复用

参 考 文 献

[1] 3GPP. NR; Physical channels and modulation: Technical Specification 38.211 [S/OL]. 2018-09-27. http://www.3gpp.org/ftp/Specs/archive/38_series/38.211/.

[2] 3GPP. NR; Multiplexing and channel coding: Technical Specification 38.212 [S/OL]. 2018-09-27. http://www.3gpp.org/ftp/Specs/archive/38_series/38.212/.

[3] 3GPP. NR; Physical layer procedures for control: Technical Specification 38.213 [S/OL]. 2018-09-27. http://www.3gpp.org/ftp/Specs/archive/38_series/38.213/.

[4] 3GPP. NR; Physical layer procedures for data: Technical Specification 38.214 [S/OL]. 2018-09-27.http://www.3gpp.org/ftp/Specs/archive/38_series/38.214/.

[5] 3GPP. NR; Medium access control (MAC) protocol specification: Technical Specification 38.321 [S/OL].2018-09-25. http://www.3gpp.org/ftp/Specs/archive/38_series/38.321/.

[6] 3GPP. NR; Radio resource control (RRC) protocol specification: Technical Specification 38.331 [S/OL].2018-09-26.http://www.3gpp.org/ftp/Specs/archive/38_series/38.331/.

[7] 3GPP. NR; User Equipment (UE) radio transmission and reception; Part 1: range 1 standalone: Technical Specification 38.101-1[S/OL].2018-10-03. http://www.3gpp.org/ftp/Specs/ archive/38_series/38.101-1/.

[8] 3GPP. NR; User Equipment (UE) radio transmission and reception; Part 2: range 2 standalone: Technical Specification 38.101-2 [S/OL].2018-10-03. http://www.3gpp.org/ftp/ Specs/ archive/38_series/38.101-2/.

[9] 3GPP. NR; Requirements for support of radio resource management: Technical Specification 38.133 [S/OL]. 2018-10-03. http://www.3gpp.org/ftp/Specs/archive/38_series/ 38.133/.

[10] 3GPP. Study on channel model for frequencies from 0.5 to 100GHz: Technical Report 38.901 [R/OL]. 2018-06-29.http://www.3gpp.org/ftp/Specs/archive/38_series/38.901/.

[11] 3GPP.Evolved Universal Terrestrial Radio Access (E-UTRA); Physical layer procedures: Technical Specification 36.213[S/OL]. 2018-10-01. http://www.3gpp.org/ftp/Specs/archive/ 36_series/36.213/.

[12] Huawei and HiSilicon. Power offset range for SUL: R1-1717906 [R/OL]. 3GPP TSG RAN WG1 meeting 90bis. 2017-10. http://www.3gpp.org/ftp/tsg_ran/WG1_RL1/TSGR1_90b/Docs/.

[13] Huawei and HiSilicon. Consideration on subcarrier mapping for LTE-NR coexistence: R1-1706906 [R/OL]. 3GPP TSG RAN WG1 meeting 89，2017-05. http://www.3gpp.org/ftp/ tsg_ran/WG1_RL1/TSGR1_89/Docs/.

[14] Huawei and HiSilicon. Consideration of NR UL operation for LTE-NR coexistence: R1-1704199 [R/OL]. 3GPP TSG RAN WG1 meeting 88bis，2017-04. http://www.3gpp.org/ ftp/tsg_ran/WG1_RL1/TSGR1_88b/Docs/.

[15] Huawei and HiSilicon. Remaining issues on scheduling, feedback and power control for SUL: R1-1719415[R/OL]. 3GPP TSG RAN WG1 meeting 91. 2017-12. http://www.3gpp. org/ftp/tsg_ran/WG1_RL1/TSGR1_91/Docs/.

[16] Huawei and HiSilicon. Initial access and uplink operations with SUL: R1-1712165 [R/OL]. 3GPP TSG RAN WG1 meeting 90. 2017-08. http://www.3gpp.org/ftp/tsg_ran/WG1_ RL1/TSGR1_90/Docs/.

[17] Huawei and HiSilicon. HARQ/CSI feedback and scheduling timing for SUL: R1-1717097 [R/OL]. 3GPP TSG RAN WG1 meeting 90bis. 2017-10. http://www.3gpp.org/ftp/tsg_ ran/WG1_RL1/TSGR1_90b/Docs/.

[18] Huawei and HiSilicon. Summary of remaining issues on timing, scheduling, SRS and power control for SUL: R1-1800022 [R/OL]. 3GPP TSG RAN WG1 ad-hoc meeting. 2018-01. http://www.3gpp.org/ftp/tsg_ran/WG1_RL1/TSGR1_AH/NR_AH_1801/.

[19] Qualcomm. Channel raster and sync raster for NR: R4-1708841[R/OL]. 3GPP TSG RAN WG4 meeting 84. 2017-08. http://www.3gpp.org/ftp/tsg_ran/WG4_Radio/TSGR4_84/Docs/.

第7章　LTE/NR 同频段下行共存

如本书第 1 章所述，LTE/NR 的同频段共存包括 LTE 和 5G-NR 的邻频共存和两者在共享频谱上的频域资源有重叠共存。在某一区域，当 5G-NR 与 LTE 同频共存时，主要在已部署了 LTE 网络的频段上增加部署 5G-NR 网络，或者在同一个频段上将部分 LTE 的网络关闭替换为 5G-NR 网络，同时保留部分 LTE 网络用于服务 LTE 的存量终端，或者与新部署的 5G-NR 网络组成频带内非独立组网模式的网络（Intra-band EN-DC）提供 5G-NR 业务的同时，使用 LTE 网络提供核心网接入。5G-NR 与 LTE 共存的主要需求是避免 LTE 和 5G-NR 系统间的干扰，因此在 5G-NR 系统设计过程中充分考虑了这种需求；同时，LTE 和 5G-NR 的下行波形相同，并且许多配置都采用相同的参数，因此二者具有高效共存的基础，5G-NR 在标准化过程中也对 LTE/NR 在同一个频段上的高效共存进行了优化设计。

另外，还有一种共存是 LTE 的 NB-IoT 与 5G-NR 的共存，原则上也是 LTE 与 5G-NR 的共存。保证 LTE NB-IoT 能够在 5G-NR 的载波内部署对于未来的物联网业务尤其重要，因为 LTE NB-IoT 网络的生命周期可能要比提供 MBB 业务的 LTE 网络的生命周期长得多。在将来的某个时间点，提供 MBB 业务的 LTE 网络将被替换为 5G-NR 系统，而 LTE NB-IoT 网络还将继续服务存量的 LTE 物联网终端，这样就存在着 LTE NB-IoT 网络与 5G-NR 网络并存的部署状态，而且 LTE NB-IoT 也很可能部署在一个 5G-NR 的带宽之内。由此可见，5G-NR 与 LTE NB-IoT 的带内共存尤其重要。

7.1　LTE/NR 下行共享频谱共存

LTE/NR 共享频谱共存是指 LTE 载波和 5G-NR 载波在同一个频段上具有

全部或者部分频域资源重叠共享。LTE/NR 共享频谱的频谱分配方式如图 7-1 所示。

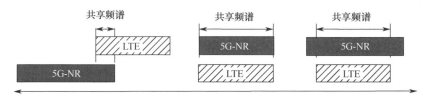

图 7-1　LTE/NR 共享频谱的频谱分配方式

5G-NR 在设计中充分考虑了系统的灵活性，标准化了多种 OFDM 参数，包括子载波间隔（Subcarrier Spacing，SCS）、OFDM 符号的循环前缀长度等[1]，其中也包括了与 LTE 相同的 OFDM 参数配置。因此，在同一段频谱上的 LTE/NR 频谱共享也会涉及不同配置的 5G-NR 与 LTE 间的共享：5G-NR 与 LTE 的 OFDM 参数相同和不同两种方式。

7.1.1　相同 OFDM 参数的 LTE/NR 下行频谱共享

在 5G-NR 采用了与 LTE 相同的 OFDM 参数进行下行频谱共享的情况下，5G-NR 与 LTE 有相同配置的 5G-NR 参数，具体的参数配置见表 7-1。

表 7-1　5G-NR 与 LTE 相同配置的 5G-NR 参数

OFDM 参数	LTE 和 5G-NR 参数配置
子载波间隔	15 kHz
每个子帧第 1 和第 8 个 OFDM 符号循环前缀长度	160 采样点（30.72 MHz 采样率）
其他 OFDM 符号循环前缀长度	144 采样点（30.72 MHz 采样率）
子帧长度	1 ms
帧长度	10 ms
PDSCH 调度长度	LTE：1 ms 5G-NR：1 ms 或者 OFDM 符号级调度
每子帧 OFDM 符号数	14

在 LTE/NR OFDM 参数相同的情况下，当 LTE 和 5G-NR 的 OFDM 符号边界对齐时，LTE 和 5G-NR 的子载波相互正交，从而有效地避免了 LTE 和 5G-NR 之间的载波间干扰。

在 LTE 和 5G-NR 子载波正交的设计下，在同一个 OFDM 符号中，只要 LTE 和 5G-NR 不占用相同的子载波，两者之间就不会相互干扰，LTE 和 5G-NR 便能够以频分复用（Frequency Division Multiplexing，FDM）的方式无干扰地共享频谱。

然而在 LTE 中存在着小区参考信号（Cell-specific Reference Signal，CRS），LTE 系统在设计中将 CRS 作为小区级别的参考信号，提供了空闲模式（非连接态）UE 的小区测量/选择和广播信道的解调等功能，因此 LTE 的 CRS 不能够随着业务负载的变化而变化，而是固定发送的，无论有没有 LTE 终端正在接收下行数据，LTE CRS 都会持续发送；而且，LTE CRS 是在固定的 OFDM 符号的整个系统带宽上离散发送的，即在全带宽的子载波上每隔几个子载波发送一个 LTE CRS[5]，因此在 LTE CRS 的 OFDM 符号上进行 LTE 和 5G-NR 间的 FDM 频谱共享存在一定的困难，不能通过简单的调度将二者区分开。如果 5G-NR 的 PDSCH 信号避开 LTE CRS 所在的 OFDM 符号，将导致两个 LTE CRS 子载波间的子载波因此而空闲不用，从而造成不必要的浪费，这种方式下 LTE CRS OFDM 符号中约 2/3 的子载波将会被浪费。

因此在 5G-NR 的设计中，为了避免 LTE/NR 之间的干扰，5G-NR 根据 LTE CRS 子载波位置对 5G-NR 的 PDSCH 信道进行了特殊的时频域资源映射设计，使得 PDSCH 的数据能够绕过 LTE 的 CRS 的子载波在时频域资源上进行映射，而能够利用 LTE CRS 子载波之间的子载波。5G-NR 标准化了一系列的参数对 5G-NR 的 UE 进行配置，使其能够准确地计算出共享频谱上的 LTE CRS 的子载波位置，从而 5G-NR UE 可知其 PDSCH 在这些 LTE CRS 的时频位置上没有数据映射。5G-NR 与 LTE 下行共存配置参数见表 7-2[2]。

表 7-2　5G-NR 与 LTE 下行共存配置参数

LTE 载波的位置配置信息	➤ 用于计算 LTE 载波的中心位置，获取 LTE 带宽的位置配置； ➤ 用于指示 LTE 中心子载波的位置，LTE 的中心子载波两侧 LTE 与 5G-NR 的 PRB 对齐方式不同，因为对于 LTE，中心子载波不属于任何一个 PRB，而对于 5G-NR，所有子载波都是 PRB 的一部分，这就造成了 LTE 的 CRS 在一个 5G-NR 的 PRB 中的相对位置，会因为这个 PRB 在 LTE 中心子载波的左侧还是右侧而有所不同

（续表）

LTE 载波 下行带宽	➤ 5G-NR 用户根据 LTE 载波的宽度和 LTE 的中心子载波位置能够计算出 LTE 的 CRS 所占用的频率范围，而在此范围之外的频谱是不用进行 CRS 资源绕开的
LTE CRS 端口数	➤ 5G-NR 用户能够根据该参数计算每个 PRB 内 LTE CRS 所占用的子载波个数和两个连续的 LTE CRS 子载波之间的距离
LTE CRS 的 v-shift 参数	➤ 5G-NR 用户根据该参数以及 LTE 载波中心频率计算出 CRS 在一个 5G-NR 的 PRB 内所占用的起始子载波； ➤ 该参数为 LTE 的系统参数，是 LTE 物理小区 ID 除 6 的余数
LTE MBSFN 子帧配置	➤ 5G-NR 根据这个参数确定哪些子帧中的哪些 OFDM 符号含有 LTE CRS

在一种可能的配置中，LTE 与 5G-NR 共享下行频谱，中心子载波对齐，如图 7-2 所示，但 LTE 的 PRB 与 5G-NR 的 PRB 有可能是不对齐的。例如，由于 LTE 中心子载波的存在，在这个中心子载波的一侧的 LTE 和 5G-NR 的 PRB 是对齐的，即 LTE 和 5G-NR 的 PRB 边界一致，而在这个中心子载波的另一侧的 LTE 和 5G-NR 的 PRB 是不对齐的，两者之间相差一个子载波。在 LTE/NR 下行频谱共存中，LTE CRS 在 5G-NR 载波内的位置如图 7-3 所示，在 LTE 中心子载波的下方，LTE 的 CRS 子载波在 5G-NR 的一个 PRB 中的子载波序号分别为 1、4、7、10，而在 LTE 中心子载波上方的 PRB 中，LTE 的 CRS 位于一个 5G-NR PRB 中序号为 2、5、8、11 的子载波上，因此 5G-NR UE 有必要知道 LTE 中心子载波在一个 5G-NR 的系统带宽中的位置，从而确定不同 5G-NR 的 PRB 中 LTE CRS 的位置。

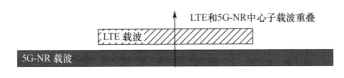

图 7-2　LTE 与 5G-NR 共享下行频谱，中心子载波对齐

当 LTE 和 5G-NR 共享下行频谱，中心子载波不对齐时，如图 7-4 所示，LTE 中心子载波所在的 5G-NR 的 PRB 中，最下方 5G-NR PRB 所包括 LTE CRS 的子载波位置在 5G-NR 一个 PRB 中的子载波序号为 2、6、9，只有 3 个位置，而在其他的 5G-NR PRB（除 LTE 与 5G-NR 部分重叠的 PRB 外）中包括了 4 个 LTE CRS 位置。LTE/NR 中心载波不对齐时 LTE CRS 在 5G-NR 载波中的位置如图 7-5 所示。

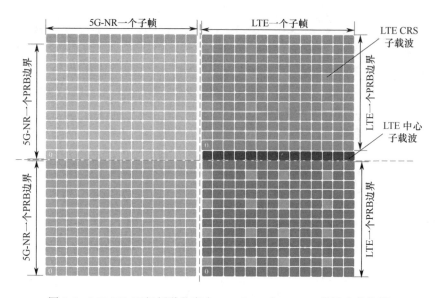

图 7-3　LTE/NR 下行频谱共存中 LTE CRS 在 5G-NR 载波内的位置

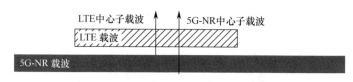

图 7-4　LTE 与 5G-NR 共享下行频谱，中心子载波不对齐

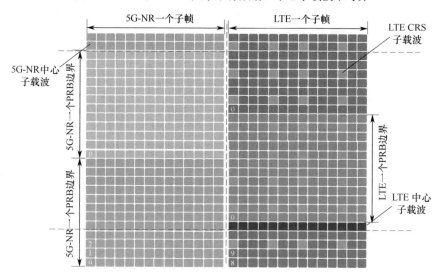

图 7-5　LTE/NR 中心载波不对齐时 LTE CRS 在 5G-NR 载波中的位置

在另外的例子中，当 LTE 和 5G-NR 的 PRB 部分重叠时，在与 LTE 的最

后一个 PRB 重叠的 5G-NR PRB 中，CRS 的子载波只有 2 个。LTE 的 PRB 与 5G-NR 的 PRB 部分对齐时的 LTE CRS 位置如图 7-6 所示。

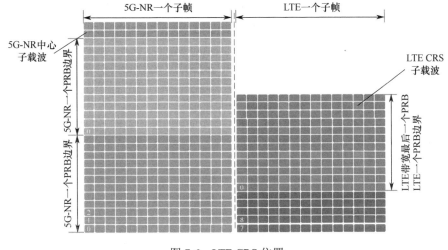

图 7-6　LTE CRS 位置

一个 LTE 的 PRB 中的 LTE CRS 的子载波位置是根据 v-shift 参数获得的，而通过 LTE 的中心子载波位置与 5G-NR 子载波的位置关系可以计算出 LTE 和 5G-NR PRB 边界的错位关系，从而推断 LTE CRS 子载波在一个 5G-NR 的 PRB 中的位置。

另外，需要注意的是，如果 5G-NR 与 LTE TDD 共存，则 5G-NR 仅需要在 LTE TDD 中的 DL 部分保留 LTE CRS 资源。

只有当 5G-NR UE 被调度的 PDSCH 的子载波间隔为 15 kHz 时，UE 才需要对上述 LTE CRS 保留资源进行速率匹配。

7.1.2　不同 OFDM 参数的 LTE/NR 下行频谱共享

当 LTE 和 5G-NR 的 OFDM 参数不同时，LTE 和 5G-NR 的子载波是不正交的，因此需要在 LTE 和 5G-NR 的发送信号之间预留一定的频域保护间隔，从而减小相互之间的干扰。5G-NR 和 LTE 不同的 OFDM 参数配置的共存见表 7-3。

表 7-3 5G-NR 和 LTE 不同的 OFDM 参数配置的共存

OFDM 参数	LTE 参数配置	5G-NR 参数配置
子载波间隔	15 kHz	30 kHz
每个子帧第 1 个 OFDM 符号循环前缀长度	160 采样点	88 采样点
每个子帧第 8 个 OFDM 符号循环前缀长度	160 采样点	72 采样点
每个子帧第 15 个 OFDM 符号循环前缀长度	N/A	88 采样点
其他 OFDM 符号循环前缀长度	144 采样点	72 采样点
子帧长度	1 ms	1 ms
帧长度	10 ms	10 ms
PDSCH 调度长度	LTE：1 ms	OFDM 符号级调度
每子帧 OFDM 符号数	14	28

注：采样率为 30.72×10^6 sample/s。

不同 OFDM 参数的 LTE 和 5G-NR 共享频谱主要有以下两个原因。

● 5G-NR 同步信号块在普通 LTE 子帧中的发送

在 5G-NR 中，一个同步信号块（Synchronization Signal Block，SSB）包括主同步信号（Primary Synchronization Signal，PSS）、辅同步信号（Secondary Synchronization Signal，SSS）和物理广播信道（Physical Broadcast Channel，PBCH），SSB 用于 5G-NR 终端进行 5G-NR 小区搜索，包括获取小区 ID、小区公共信息、进行初始接入、下行信道测量等，也可用于时频同步和波束选择，SSB 是 5G-NR 最重要的下行测量信号之一。5G-NR 的同步信号块在频域上占用连续的 20 个 PRB，在时域上占用连续的 4 个 OFDM 符号，当 LTE 与 5G-NR 共享相同带宽且 5G-NR 的 SSB 子载波间隔为 15 kHz 时，其占用的时频资源必然与 LTE 的 CRS 相冲突，因为在 LTE 系统的设计中两个 LTE CRS OFDM 符号的最大时域间隔为 3。因此，为了将 5G-NR 的同步信号放在两个 CRS 中间，可以将其子载波间隔设置为 30 kHz，这样 4 个 5G-NR 的 OFDM 符号长度与 LTE 的 2 个 OFDM 符号相同，5G-NR 的 SSB 即可放在两个 LTE CRS 符号之间，从而避免了与 LTE CRS 的冲突。LTE/NR 在共享下行频谱时的 5G-NR 同步信号块发送，如图 7-7 所示。

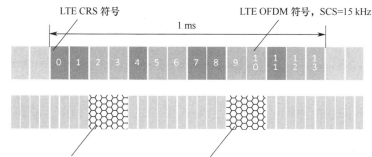

图 7-7 LTE/NR 在共享下行频谱时的 5G-NR 同步信号块发送

● 大带宽 5G-NR 与 LTE 共享

5G-NR 在低频率上最大能够支持 100 MHz 的带宽，5G-NR 在设计中考虑了系统的复杂度，确定了一个系统带宽的最大子载波个数不得超过 3300 个[1,3,4]，因此，支持大于 50 MHz 的单载波带宽需要将子载波间隔配置为 30 kHz，这也就会与 LTE 的 OFDM 符号参数不同。在这种情况下，LTE 的带宽可能为 5G-NR 带宽中的一部分。5G-NR 带宽大于 LTE 占用带宽的下行 LTE/NR 频谱共享示意图如图 7-8 所示。

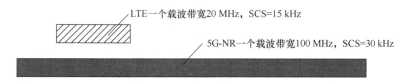

图 7-8 5G-NR 带宽大于 LTE 占用带宽的下行 LTE/NR 频谱共享示意图

7.1.3 LTE 与 5G-NR 下行共享频谱的时频资源分配

LTE 与 5G-NR 共享频谱中最重要的是两个系统中一些固定发送信号之间的相互避让，因为 LTE 已经是成熟的标准，所以在 5G-NR 的标准化中引入了避让 LTE 信号的有效机制，其中 5G-NR 在设计 SSB 时确定了比较灵活的 SSB 时频资源配置，下面进行详细介绍。

7.1.3.1 5G-NR 同步信号块与 LTE 带宽有重叠

5G-NR SSB 与 LTE 频域上有重叠，主要原因是运营商用于 5G-NR 和 LTE 共享的频谱资源有限，LTE 和 5G-NR 系统在一段有限的带宽内进行频谱共享，因此 5G-NR 不得不放置在承载了 CRS 的不同 OFDM 符号之间的 OFDM 符号上。5G-NR 为这种共存设计了专门的 SSB 时域图样,即 5G-NR SSB 的 case B 图样,其子载波间隔为 30 kHz。5G-NR SSB 图样 case B 与 LTE OFDM 符号的时域关系如图 7-9 所示,在每个 5 ms 的时域间隔内有 8 个可能的 SSB 位置,每个 SSB 的起始 OFDM 符号序号为 4、8、18、22、32、36、46 和 50,其中,起始 OFDM 符号为 4、18、32 和 46 的 SSB 能够跟 LTE 的 CRS 位置完全错开,从而避免在 LTE 的 CRS OFDM 符号中承载 5G-NR 的 SSB。

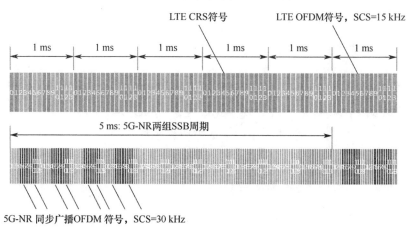

图 7-9　5G-NR SSB 图样 case B 与 LTE OFDM 符号的时域关系

LTE/NR 下行共享频谱,5G-NR 同步信号块的位置如图 7-10 所示,从图中可知在频域上的共享关系,5G-NR 的 SSB 与 LTE 系统在频域部分重叠。

因此,5G-NR 通过定义特殊的 SSB 的时域图样,错开了 LTE 的重要信号,从而使得 5G-NR 的 SSB 可以部分或全部放置于 LTE 的带宽内。

另一种避免相互干扰的方式是通过配置 LTE 的多媒体广播单频网(Multicast Broadcast Single Frequency Network,MBSFN)子帧方式工作,5G-NR 将 SSB 配置在 LTE 的 MBSFN 子帧中,因为 LTE 的 MBSFN 子帧除前两个符号承载了 LTE 的 CRS 和控制信道外,其余的时频资源在没有广播/组播业务的情况下,可以没有固定信号的发送[5],因此避免了 5G-NR 和 LTE 之间的干扰。LTE/NR 下行频谱共享的 LTE MBSFN 方式如图 7-11 所示。

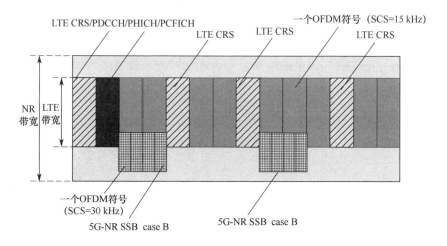

图 7-10　LTE/NR 下行共享频谱，5G-NR 同步信号块位置

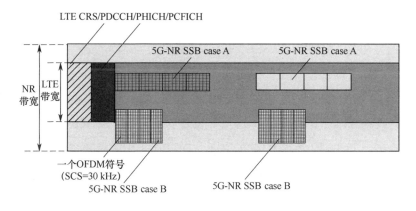

图 7-11　LTE/NR 下行频谱共享的 LTE MBSFN 方式

7.1.3.2　5G-NR 同步信号块与 LTE 带宽不重叠

当 5G-NR 的 SSB 带宽与 LTE 的带宽可以不重叠时，SSB 的放置时频位置将更加灵活。当 LTE/NR 下行频谱共享时，5G-NR 带宽大于 LTE 带宽时的 5G-NR 同步信号块发送如图 7-12 所示。在这种场景下，5G-NR 的 SSB 可以放置于 LTE 带宽以外，因为 5G-NR 支持将其 SSB 放在带宽内的任意一个满足同步栅格条件的频域位置上，从而在一个较大的 5G-NR 带宽内存在多个可以放置 SSB 的频域位置。

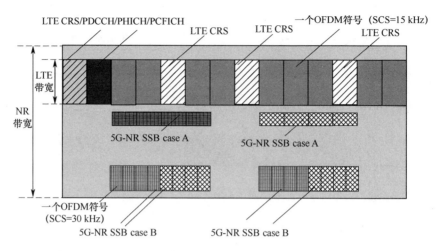

图 7-12　5G-NR 带宽大于 LTE 带宽时的 5G-NR 同步信号块发送

例如，在 3 GHz 以下的一个 50 MHz 的带宽内子载波间隔为 30 kHz 的 SSB 的候选位置至少有 32 个，这些候选位置不一定在该 5G-NR 带宽的载波中心位置。另外，5G-NR 的 SSB 中携带了频域位置指示信息。灵活的 5G-NR 同步信号块位置如图 7-13 所示，图中所列参数通过主信息块（Master Information Block，MIB）和 SIB 进行了小区级的通知，因此 5G-NR 的 SSB 可以不在系统带宽的中心位置，这与 LTE 不同[6,7]。在初始接入时，5G-NR UE 可以首先通过 SSB 检测到 5G-NR 小区，然后通过 SIB 获知系统带宽等信息。按照上述 SSB 的放置方案，SSB 可以天然地与 LTE 信号分离，达到互不干扰的共存目的。

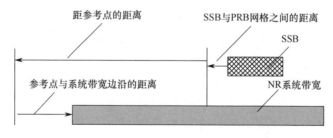

图 7-13　灵活的 5G-NR 同步信号块位置

当 5G-NR 的 SSB 与 LTE 的信号可以分开独立配置时，对 5G-NR 的 SSB 的子载波间隔和时域图样就没有了特殊要求，即 5G-NR 中的 SSB 的所有的时域图样和子载波间隔配置都可以满足共存需求。

7.1.3.3　5G-NR 对其他 LTE 信号的避让

除 SSB 需要避让 LTE CRS 信号外,5G-NR 的控制信道和数据信道也需要避让 LTE 的信号。在 LTE 中也存在 PSS、SSS 和 PBCH,在时域上,LTE FDD 与 LTE TDD 的 PSS、SSS 和 PBCH 发送的位置略有区别,但在频域上,无论系统带宽是 1.4 MHz、3 MHz、5 MHz、10 MHz、15 MHz,还是 20 MHz,LTE 的 PSS、SSS 和 PBCH 都在系统带宽的中心 1.08 MHz 上进行传输(即 PSS、SSS、PBCH 占用系统带宽中心的 72 个子载波)。LTE 的 PSS 和 SSS 总是按照 5 ms 的周期发送,而 PBCH 则是按 10 ms 的周期发送。当 5G-NR 与 LTE 同频共存时,需要让 5G-NR 的 SSB 与 LTE 的 PSS、SSS、PBCH 之间能够互不干扰。LTE 的上述固定发送的信号的特点是,它们占用了若干个 OFDM 符号的若干连续的子载波的时频资源,针对这个特点,5G-NR 采用了在时频域上进行保留资源的方法,对上述 LTE 固定信号进行速率匹配,即 5G-NR 的下行数据信道可以不映射在上述 LTE 固定信号所占用的子载波上。

5G-NR 为上述目的引入了 PDSCH 对资源块-符号级(RB-symbol-level)的保留资源进行速率匹配的方式[2]。当 RB-symbol-level 速率匹配样式指示了某些时频资源为保留资源时,即使 5G-NR 基站调度给 5G-NR UE PDSCH 的资源包括这些保留资源的部分或全部,该 5G-NR UE 也不会使用这部分保留资源中承载的数据。一方面,RB-symbol-level 保留资源的速率匹配可以针对 LTE 的 PSS、SSS、PBCH 进行灵活的配置,使得 5G-NR 在与 LTE 的下行频谱有重叠时可以方便地为这些 LTE 固定传输信号保留资源;另一方面,RB-symbol-level 保留资源的速率匹配也为未来 5G-NR 引入新的特性提供了前向兼容的手段。

在 RB-symbol-level 保留资源的指示方式中,5G-NR 需要通知 UE 的信息为:RB 位图(RB-level-bitmap)、OFDM 符号位图(symbol-level-bitmap)和时域样式(time-domain pattern)位图。RB-level-bitmap 指示了系统带宽或 BWP 内哪些 RB 为保留资源,symbol-level-bitmap 指示了一个 slot 或两个 slot 内哪些符号为保留资源。RB-level-bitmap 和 symbol-level-bitmap 联合指示了哪些资源是需要保留、进行速率匹配的时频资源,即同时被 RB-level-bitmap 和 symbol-level-bitmap 指示成"1"(保留)的 RB-symbol 将作为保留资源;进一步来说,如果

5G-NR 还指示了 time-domain pattern，那么表示该 RB-level-bitmap 和 symbol-level-bitmap 所代表的保留资源样式应用到一个周期中的哪些时隙里；如果 5G-NR 没有指示时域样式位图，那么表示 RB-level-bitmap 和 symbol-level-bitmap 所代表的保留资源样式应用到每一个时隙中。RB-symbol-level 保留资源配置绕开 LTE 下行固定信号如图 7-14 所示，图 7-14 给出一个 RB-symbol 的指示方式对 LTE PBCH、PSS、SSS 进行绕过指示的示例。对于每个子帧开始的 LTE PDCCH、PHICH、物理控制格式指示信道（Physical Control Format Indicator Channel，PCFICH）等，可以通过设定另外的 RB-symbol-level 指示保留资源绕过，每个 UE 在一个 BWP 内可以配置 4 个 RB-symbol-level 的保留资源，足以绕过 LTE 的固定信号。对于 LTE 的数据信号，5G-NR 可以通过灵活的调度时频资源绕开，避免与 LTE 信号重叠。

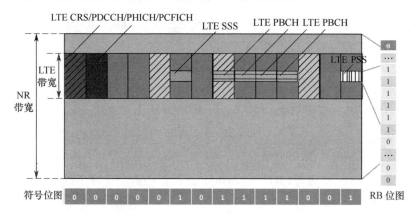

图 7-14 RB-symbol-level 保留资源配置绕开 LTE 下行固定信号

7.1.3.4 5G-NR 控制信道资源配置避免 LTE 信号

5G-NR 下行控制信道主要分为非连接态 UE 检测的控制信道和连接态 UE 检测的控制信道。非连接态 UE 检测控制信道，主要用于随机接入的调度接收和发送，以及系统广播消息和寻呼消息的接收等。终端在非连接态，尤其在接收系统广播消息 SIB1 信号的时候，5G-NR 并没有获得有关保留资源的配置信息，另外 5G-NR 也没有在 SIB 中广播有关保留资源的信息，因此在 5G-NR 用户获得 LTE 信号的绕开信息之前，其数据信道可以通过设计来绕开 LTE 信号。在这种情况下，主要需要考虑的信道为同步信道、下行控制信道和承载 SIB 的数据信道，同步信道已经在之前的章节中介绍过了，本节主要介绍 5G-NR 下行控制信道对 LTE 信号的绕过机制。

　　终端在非连接态时，在 5G-NR 的设计中下行控制信道的配置支持绕过 LTE 的 PDCCH 信道。5G-NR 初始控制信道时域位置配置见表 7-4，此表为 5G-NR PBCH 中对下行控制信道的配置，其中 O 和 M 参数确定了控制信道资源的时隙，而每个时隙中控制资源的第 1 个 OFDM 符号序号可以为 1 或者 2，从而能够绕开 LTE 每个子帧中的第 1 个或者前 2 个 OFDM 符号，为 LTE 预留 1 个或者 2 个 OFDM 符号的 PDCCH[6]。

表 7-4　5G-NR 初始控制信道时域位置配置

索引	O	每个 slot 中的搜索空间个数	M	第 1 个 OFDM 符号起始位置
……	……	……	……	……
10	0	1	1	1
11	0	1	1	2
12	2	1	1	1
13	2	1	1	2
14	5	1	1	1
15	5	1	1	2

　　另外，为了将 5G-NR 的初始接入相关的下行控制信道能够放在两个 LTE CRS 符号之间，5G-NR 设计了不同的下行控制信道时域长度，即通过 5G-NR PBCH 配置的初始下行控制信道的时域长度，可以是 1 个、2 个或 3 个 OFDM 符号。5G-NR 初始控制信道时域长度配置见表 7-5[6]。

表 7-5　5G-NR 初始控制信道时域长度配置

索引	SSB 与控制资源集的复用样式	RB 数	符号数	偏移（RB）
0	1	48	1	2
1	1	48	1	6
2	1	48	2	2
3	1	48	2	6
4	1	48	3	2
5	1	48	3	6
6	1	96	1	28
7	1	96	2	28
8	1	96	3	28

（续表）

索引	SSB 与控制资源集的复用样式	RB 数	符号数	偏移（RB）
9	保留			
10	保留			
11	保留			
12	保留			
13	保留			
14	保留			
15	保留			

在终端进入连接态后，网络通过专用的高层信令为终端配置控制信道资源时，也可以将控制信道的资源避开 LTE 的信号。

LTE/NR 下行频谱共享中 5G-NR 初始控制信道的配置如图 7-15 所示，5G-NR 终端在非连接态中下行控制信道可以配置在时域上两个 LTE CRS 符号之间。

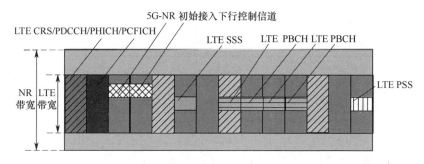

图 7-15　LTE/NR 下行频谱共享中 5G-NR 初始控制信道的配置

当 5G-NR 终端进入连接态后，控制信道的资源通过网络的高层信令配置获得。在 5G-NR 的控制信道资源配置中，控制资源第一个 OFDM 符号位置通过一个长度为 14 的 bitmap 配置，因此控制资源可以配置在以任意的一个 OFDM 符号为起始的 1 到 3 个 OFDM 符号上，因此连接态终端的控制信道也能够配置在时域上的两个 LTE CRS 符号之间。

7.1.3.5　5G-NR 下行共享信道避免 LTE 信号

对于 5G-NR 下行共享信道，5G-NR 也支持灵活的调度机制。5G-NR 初始接入信道的灵活时域资源分配见表 7-6，此为 5G-NR 在非连接态中 PDSCH 的调度方式。LTE-NR 下行频谱共享中 5G-NR 下行广播信道的调度如图 7-16 所示。其中,在表 7-6 中行号为 9、10 和 11 的调度分别对应图 7-16 中三个 5G-NR SIB1 调度位置,从而避免与 LTE CRS 的冲突[6]。

表 7-6　5G-NR 初始接入信道的灵活时域资源分配

行索引	dmrs-TypeA-Position	PDSCH 映射类型	K_0	S(PDSCH 起始符号位置)	L(PDSCH 符号个数)
1	2	类型 A	0	2	12
	3	类型 A	0	3	11
2	2	类型 A	0	2	10
	3	类型 A	0	3	9
3	2	类型 A	0	2	9
	3	类型 A	0	3	8
4	2	类型 A	0	2	7
	3	类型 A	0	3	6
5	2	类型 A	0	2	5
	3	类型 A	0	3	3
6	2	类型 B	0	9	4
	3	类型 B	0	10	4
7	2	类型 B	0	4	4
	3	类型 B	0	6	4
8	2,3	类型 B	0	5	7
9	2,3	类型 B	0	5	2
10	2,3	类型 B	0	9	2
11	2,3	类型 B	0	12	2
12	2,3	类型 A	0	1	13
13	2,3	类型 A	0	1	6
14	2,3	类型 A	0	2	4
15	2,3	类型 B	0	4	7
16	2,3	类型 B	0	8	4

在终端进入连接态之后,网络可以将 LTE CRS 的位置信息配置给终端,从而避免 PDSCH 与 CRS 的冲突,还可以配置 "RB-symbol-level" 保留资源信息以避免 LTE 的其他信号相冲突。

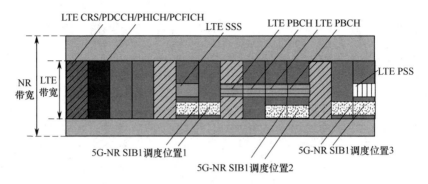

图 7-16　LTE-NR 下行频谱共享中 5G-NR 下行广播信道的调度

7.1.4　5G-NR 下行与 LTE NB-IoT 共存

NB-IoT 是基于 LTE 系统的窄带物联网系统。通常，一个 NB-IoT 系统的载波仅占用 12 个子载波，即一个 LTE RB 频域宽度，子载波间隔为 15 kHz，载波栅格为 $N \times 100$ kHz，均与 LTE 系统相同。由于 NB-IoT 具有功耗小、覆盖深、成本低等优势，因此被广泛用于物联网设备中，并且 NB-IoT 设备将长期存在于网络中。由于 NB-IoT UE 的设计功耗小，其电池的预期使用寿命长达甚至超过 10 年，因此其替换时间将是个漫长的过程[9,10,11]，并且 3GPP 正在考虑将 NB-IoT 作为承载 5G 大链接 IoT 业务的技术之一，因此 NB-IoT 在将来有可能会与 5G-NR 进行长期的共存[8]。本节将介绍 NB-IoT 与 5G-NR 如何进行频谱共享，尤其是载波内的嵌入式频谱的共享共存。

LTE NB-IoT 有三种部署模式，分别是带内（Inband）、保护带（Guardband）和独立（Standalone）模式。其中，带内模式的 LTE NB-IoT 部署在 LTE 系统带宽内，并可以根据 LTE NB-IoT 和 LTE 的物理小区标识（Physical Cell Identity，PCI）是否相同来进行进一步的区分；保护带模式的 LTE NB-IoT 部署在 LTE 系统的保护带内，但在 LTE 系统实际使用的带宽外；而独立模式的 LTE NB-IoT 则可独立于 LTE 系统进行部署，例如可以部署于两个 GSM 载波中间的一个 200 kHz 的带宽内。当 LTE NB-IoT 以带内模式部署于 LTE 系统内时，LTE NB-IoT 系统的子载波与 LTE 系统的子载波对齐，且 LTE NB-IoT 所占的一个 PRB 与 LTE 中的 PRB 边界对齐，即 LTE NB-IoT 恰好占 LTE 中的一个 PRB，没有跨在 LTE 的两个 PRB 上。当 5G-NR 带宽包含奇数个 PRB 时，LTE NB-IoT 载波可能的 5G-NR 带内放置位置如图 7-17 所示；当 5G-NR 带宽包含偶数个 PRB 时，LTE NB-IoT 载波可能的 5G-NR 带内放置位置如图 7-18 所示，也就是说，这两个图表示在一个 5G-NR 的载波内可以配置 LTE NB-IoT 载波的可能位置。可以看出，有些位置可以达到 LTE NB-IoT 与 5G-NR 的 PRB 对齐的效果，而有些位置不能达到这个效果，但在实际部署时，可以根据情况选择与 5G-NR 的 RB 对齐或者不对齐。

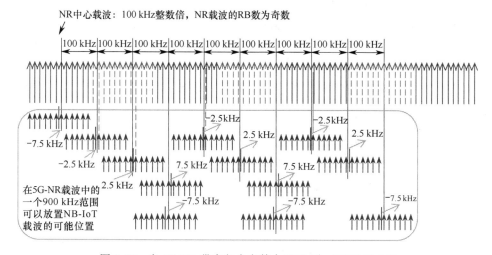

图 7-17　当 5G-NR 带宽包含奇数个 PRB 时，LTE NB-IoT
载波可能的 5G-NR 带内放置位置

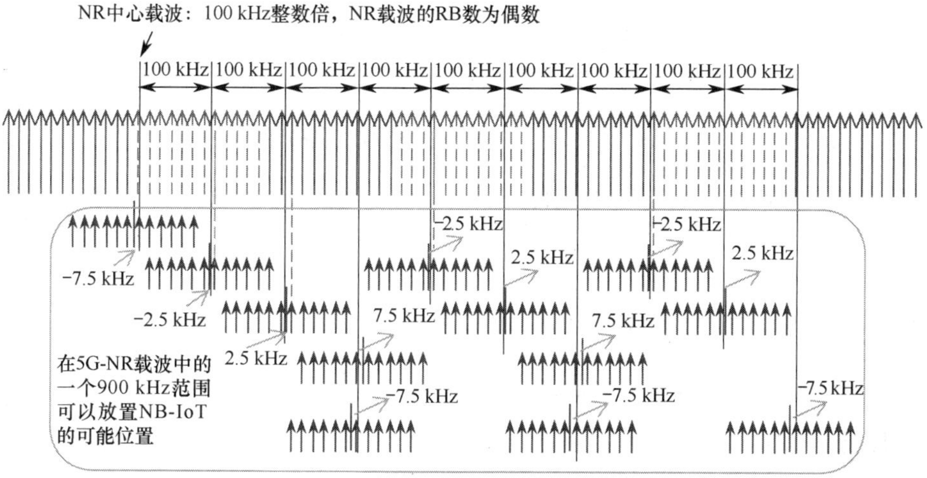

图 7-18　当 5G-NR 带宽包含偶数个 PRB 时，LTE NB-IoT
载波可能的 5G-NR 带内放置位置

在 5G-NR 的设计中，也考虑了 5G-NR 子载波与 LTE NB-IoT 子载波的正交方式共存，因此 5G-NR 定义的 LTE NB-IoT 频段的信道栅格也是 100 kHz，便于 5G-NR 与 LTE NB-IoT 的载波内的频谱共享。

LTE NB-IoT 系统在它的 NPBCH 中广播了其载波中心位置相对于 100 kHz 整数倍频率的最小距离，以便于终端能够进行正确的频率同步。LTE NB-IoT 与 5G-NR 的共存通过利用这个指示信令能够使得 LTE NB-IoT 的子载波和 5G-NR 的子载波完全正交，从而避免两者之间的干扰。

由于 LTE NB-IoT 所占的资源较少，因此 5G-NR 与 LTE NB-IoT 可以使用复杂度低、半静态、FDM 的资源共享方式，减少系统间信息的交互。5G-NR 为 NB-IoT 保留的资源如图 7-19 所示。

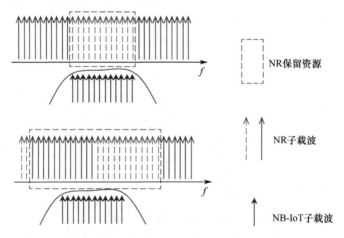

图 7-19　5G-NR 为 NB-IoT 保留的资源

为了实现 5G-NR 下行为 LTE NB-IoT 保留资源，5G-NR 需要考虑以下几个方面：

- 5G-NR 的 PDSCH

5G-NR 支持对 RB-symbol-level 的保留资源速率匹配机制。因此，5G-NR 可以针对 NB-IoT 预留的 PRB，为 5G-NR UE 配置 RB-symbol-level 的保留资源，避免 PDSCH 使用这部分资源。

- 5G-NR 的 CORESET

5G-NR 可以为 CORESET 配置一个 frequencyDomainResources 参数，该参数是一个位图（bitmap）信息，其中的每个比特对应一个 BWP 中的一组互不重叠的、连续的 6 个 PRB；若该比特为 1，则表示该组 6 个 PRB 属于该CORESET，反之则表示该组 6 个 PRB 不属于该 CORESET。因此，当 5G-NR与 LTE NB-IoT 共存时，可以配置合适的 frequencyDomainResources 参数，使得 CORESET 包括的资源不含 LTE NB-IoT 保留的 RB 资源，实现两者的互不干扰。

- 5G-NR 的 SSB

通过 SSB 位置的灵活配置，可以避免 5G-NR SSB 所占的 PRB 与 LTENB-IoT 所占的 PRB 交叠。

通过以上的技术组合，可以实现 5G-NR 与 LTE NB-IoT 在空口同频的无干扰共存，保证了 5G-NR 与 LTE NB-IoT 的系统性能。5G-NR 与 NB-IoT（Inband，Guardband）共存如图 7-20 所示，图 7-20 给出了一个示例，假设 5G-NR的 SSB 和 PDSCH 均以 15 kHz 子载波间隔进行部署，而 LTE NB-IoT 系统由于使用 Inband 或 Guardband 部署模式而未使用一个子帧中的前 3 个符号，因此 5G-NR 可在一个子帧的前 3 个符号中使用连续的频谱资源作为控制资源。

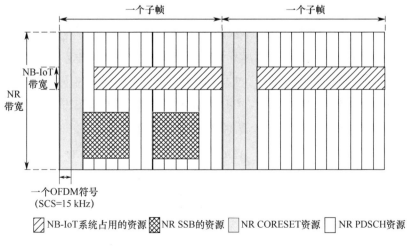

图 7-20　5G-NR 与 NB-IoT（Inband，Guardband）共存

5G-NR 与 NB-IoT（Standalone）共存如图 7-21 所示，图 7-21 给出了另一个示例，假设 LTE NB-IoT 以 Standalone 模式部署，LTE NB-IoT 中除窄带主同步信号（Narrowband Primary Synchronization Signal，NPSS）、窄带辅同步信号（Narrowband Secondary Synchronization Signal，NSSS）、窄带物理广播信道（Narrowband Physical Broadcast Channel，NPBCH）之外的其他信道，使用一个子帧中的全部 14 个符号，5G-NR 通过合理的配置将其 CORESET 资源避开 LTE NB-IoT 信号。

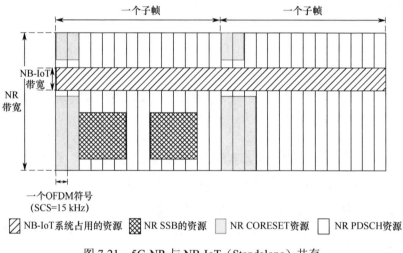

图 7-21　5G-NR 与 NB-IoT（Standalone）共存

7.1.5　5G-NR 下行与 LTE MTC 共存

机器类通信（Machine-Type Communications，MTC）的 LTE 标准，称为 LTE MTC，也称为 LTE-M，它是以机器类通信为目标的、基于 LTE 系统的通信系统。LTE MTC UE 可以分为 Category M1 和 Category M2 两种，其中 Category M1 UE 的带宽能力为 1.4 MHz，Category M2 UE 的带宽能力为 5 MHz，它们通常统称为低成本带宽降低/覆盖增强（Bandwidth reduced Low complexity/Coverage Enhanced，BL/CE）型 UE[12]。与 LTE NB-IoT 不同，LTE MTC 并没有不同的部署模式，它与 LTE 系统紧密耦合。LTE MTC 系统需要部署在 LTE 频带内，其子载波间隔、信道栅格等均与 LTE 系统相同。此外，LTE MTC 的 PSS、SSS 和 PBCH 复用了 LTE 系统的 PSS、SSS 和 PBCH，因此 LTE MTC UE 的最小带宽需要支持到 1.4 MHz，即 6 个 PRB 宽，这也是 LTE

MTC 中一个窄带（Narrow band，NB）的定义。另外，PBCH 可以在子帧 9 和子帧 0 中进行最多额外 4 次重复（具体取决于双工制式和系统下行带宽），保证 LTE MTC UE 在深度覆盖下的解调性能。

LTE MTC 系统在 Release 13 LTE 完成后也逐步开始部署商用。类似 LTE NB-IoT，由于其较长的电池寿命，在 LTE 系统逐步退网、5G-NR 系统逐步重用 LTE 频段后，LTE MTC UE 仍将存在于网络中。因此，也需要考虑 5G-NR 与 LTE MTC 的共存。LTE MTC 系统复用了 LTE 系统的载波中心、子载波、PRB 边界，且复用了 LTE PSS、SSS、PBCH 和 CRS，特别是：

> LTE MTC 的 SIB1-BR 并没有复用 LTE 的 SIB1；SIB1-BR 具有 80 ms 的周期，且具有固定的时频传输样式，其样式与 PCI、带宽、在 40 ms 周期内的重复次数等有关，因此带宽减小系统信息块 1（System Information Block 1 Bandwidth Reduced，SIB1-BR）可以视作固定的 LTE MTC PDSCH 传输。

> LTE MTC 并不使用 LTE PDCCH 信道承载控制信令，而是使用 MTC 物理下行控制信道（MTC Physical Downlink Control Channel，MPDCCH），MPDCCH 使用与 LTE 的增强的物理下行控制信道（Enhanced Physical Downlink Control Channel，ePDCCH）相似的资源。因此，LTE MTC 使用的资源不包括一个子帧中用于传输 LTE PDCCH 的资源，5G-NR 可以通过 RB-symbol-level 资源预留为 LTE MTC 预留时频资源，从而达到载波内共享频谱的目的。

由于 LTE MTC 系统的窄带特性，部署于 LTE 频带内的 LTE MTC UE 仅会使用 LTE 中的一小部分频率资源。因此，也可以考虑复杂度低、半静态、TDM+FDM 的资源共享方式，减少两个系统间信息的交互。具体来说，以 Category M1 UE 为例，LTE MTC 系统可以为 LTE MTC UE 配置使用相同的窄带；对于 LTE MTC 非跳频的情况，可以仅配置 1 个窄带，而对于跳频的情况，可以配置 2 或 4 个窄带以支持 LTE MTC 的跳频。5G-NR 与 LTE MTC 共存如图 7-22 所示，图 7-22 给出了一个示例，假设 5G-NR 的 SSB 和 PDSCH 均以 15 kHz 子载波间隔进行部署，LTE PBCH 未进行重复，LTE MTC 使用两个窄带传输 PDSCH。在图 7-22 中并未对 SIB1-BR 所占用的资源进行特别的标注，可以考虑使 SIB1-BR 所在的窄带与传输 LTE MTC PDSCH 的窄带相同，从而降低半静态共享时 NR 为 LTE MTC 保留资源的开销。

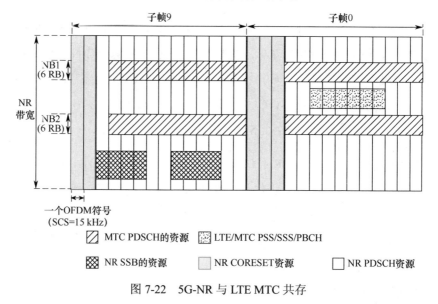

图 7-22　5G-NR 与 LTE MTC 共存

由上可知，得益于 5G-NR 中灵活的 SSB、CORESET 配置，以及针对 RE 和 RB-symbol-level 的保留资源速率匹配机制，5G-NR 可以与 LTE NB-IoT 和 LTE MTC 系统高效无干扰地同频共存，共同提供蜂窝网络服务。

7.2　LTE/NR 同频段邻频共存

当 5G-NR 系统与 LTE 系统部署在同频段相邻载波上时，需要考虑系统间的邻频干扰。3GPP 在对无线通信系统的邻频干扰进行评估时，需要考虑发射机邻道泄漏比（Adjacent Channel Leakage Ratio，ACLR）、接收机邻道选择性（Adjacent Channel Selectivity，ACS）、邻道干扰比（Adjacent Channel Interference Ratio，ACIR）等因素。5G-NR 基站或 LTE 基站都必须满足 3GPP 为它们分别制定的射频指标才可以进行实际部署[3,4,13]。

5G-NR 与 LTE 邻频共存时，即使已经满足了 3GPP 制定的射频指标，在某些情况下仍然可能出现系统间的强干扰,这些干扰主要来自 5G-NR TDD 与 LTE TDD 系统之间的上下行异向干扰。对于 FDD 频段，受限于国家或区域的法规约束，处于相同频带的 5G-NR 和 LTE 必须是 FDD 系统，通常不会出现上下行异向干扰；对于 TDD 频段，若在某一时刻，5G-NR TDD 系统与 LTE TDD 系统的上下行传输方向不一致，则会出现上下行异向干扰，如本书第 3 章中对于 TDD 上下行异向干扰的介绍。

为了避免上述邻频共存情况中的上下行异向干扰,5G-NR 需要支持与 LTE 相同的 TDD 上下行传输方向。LTE TDD 中，支持 7 种不同的上下行配置，每种上下行配置指示了一个无线帧的 10 个子帧的上下行传输方向。LTE 不同上下行配置见表 7-7，即 TS 36.211 中的 Table 4.2-2[5]。

表 7-7　LTE 不同上下行配置（TS 36.211 中 Table 4.2-2）

上下行配置	上下行切换周期	子 帧 号									
		0	1	2	3	4	5	6	7	8	9
0	5 ms	D	S	U	U	U	D	S	U	U	U
1	5 ms	D	S	U	U	D	D	S	U	U	D
2	5 ms	D	S	U	D	D	D	S	U	D	D
3	10 ms	D	S	U	U	U	D	D	D	D	D
4	10 ms	D	S	U	U	D	D	D	D	D	D
5	10 ms	D	S	U	D	D	D	D	D	D	D
6	5 ms	D	S	U	U	U	D	S	U	U	D

在表 7-7 中，"D"表示的是该子帧中的所有 OFDM 符号均为下行传输方向，"U"表示的是该子帧中的所有 OFDM 符号均为上行传输方向，"S"表示的是该子帧为特殊子帧。特殊子帧包括下行导频时隙（Downlink Pilot Time Slot，DwPTS，虽然有"导频"字样，但不都是导频）、保护间隔（Guard Period，GP）、上行导频时隙（Uplink Pilot Time Slot，UpPTS）三部分，在 DwPTS 中包括的 OFDM 符号为下行符号，UpPTS 中包括的 OFDM 符号为上行符号，GP 为上下行切换的时间保护间隔。在普通 CP 长度下，特殊子帧有 11 种配置，具体可参考 TS 36.211 第四章[5]。总之，LTE 中规定了上述 7 种上下行配置，下行和上行的切换周期可以为 10 ms 或 5 ms。

对于 TDD 的情况，5G-NR 和 LTE 相比，5G-NR 支持更加灵活的时隙和 OFDM 符号传输方向的配置。5G-NR 中的上行和下行的切换周期可以为 0.5 ms、0.625 ms、1 ms、1.25 ms、2 ms、2.5 ms、5 ms、10 ms，并且 5G-NR 标准化了三层传输方向配置/指示方式：半静态小区级上下行配置、半静态用户级上下行配置、动态时隙格式指示[6]。

实际上，在 5G-NR 中通过半静态小区级上下行配置即可实现与 LTE TDD 中任意一种上下行配置的完全兼容，从而高效地避免 5G-NR 系统和 LTE 系统在相同时间内进行上下行异向传输，达到避免邻频上下行导向干扰的目的。5G-NR 通过小区级上下行配置实现与 LTE TDD 相同的传输方向如图 7-23 所示，此图以 LTE TDD 配置 2 为目标，对 5G-NR 的上下行传输方向的配置方法进行了示例。

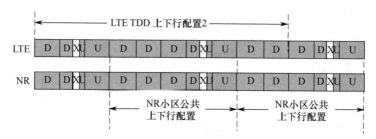

图 7-23 5G-NR 通过小区级上下行配置实现与 LTE TDD 相同的传输方向

可见，在 5G-NR 中灵活的上下行传输方向配置方式，保证了 5G-NR 可以在与 LTE TDD 邻频共存时不会造成上下行异向邻频干扰，从而使得不同系统间能够邻频高效共存。

参 考 文 献

[1] 3GPP. NR; Physical channels and modulation: Technical Specification 38.211[S/OL]. 2018-09-27. http://www.3gpp.org/ftp/Specs/archive/38_series/38.211/.

[2] 3GPP. NR; Physical layer procedures for data: Technical Specification 38.214[S/OL]. 2018-10-01. http://www.3gpp.org/ftp/Specs/archive/38_series/38.214/.

[3] 3GPP. NR; User Equipment (UE) radio transmission and reception; Part 1: Range 1 Standalone: Technical Specification 38.101-1[S/OL]. 2018-10-03. http://www.3gpp.org/ftp/ Specs/archive/38_series/38.101-1/.

[4] 3GPP. NR; User Equipment (UE) radio transmission and reception; Part 2: Range 2 Standalone: Technical Specification 38.101-2[S/OL]. 2018-10-03. http://www.3gpp.org/ftp/ Specs/archive/38_series/38.101-2/.

[5] 3GPP. Evolved Universal Terrestrial Radio Access (E-UTRA); Physical channels and modulation: Technical Specification 36.211[S/OL]. 2018-09-27. http://www.3gpp.org/ ftp/Specs/archive/36_series/36.211/.

[6] 3GPP. NR; Physical layer procedures for control: Technical Specification 38. 213[S/OL]. 2018-10-01. http://www.3gpp.org/ftp/Specs/archive/38_series/38.213/.

[7] 3GPP. NR; Radio Resource Control (RRC) protocol specification: Technical Specification 38.331[S/OL]. 2018-09-26. http://www.3gpp.org/ftp/Specs/archive/38_series/38.331/.

[8] Huawei and Hisilicon. On coexistence between LTE and NR: R1-1806888[R/OL]. 3GPP TSG RAN WG1 meeting 93, 2018-05. http://www.3gpp.org/ftp/tsg_ran/WG1_RL1/ TSGR1_93/Docs/.

[9] Sinha, R. S., Wei, Y., & Hwang, S. H. A survey on LPWA technology: LoRa and NB-IoT. Ict Express, 2017: 3(1), 14-21.

[10] Gozalvez, J. (2016). New 3GPP standard for IoT [mobile radio]. IEEE Vehicular Technology Magazine, 11(1), 14-20.

[11] Mangalvedhe, N., Ratasuk, R., &Ghosh, A. (2016, September). NB-IoT deployment study for low power wide area cellular IoT. In Personal, Indoor, and Mobile Radio Communications (PIMRC), 2016 IEEE 27th Annual International Symposium on (pp. 1-6). IEEE.

[12] 3GPP. Evolved Universal Terrestrial Radio Access (E-UTRA); User Equipment (UE) radio access capabilities: Technical Specification 36.306[S/OL]. 2018-09-29. http://www.3gpp. org/ftp/Specs/archive/36_series/36.306/.

[13] 3GPP. Evolved Universal Terrestrial Radio Access (E-UTRA); User Equipment (UE) radio transmission and reception: Technical Specification 36.101[S/OL]. 2018-10-02. http://www. 3gpp.org/ftp/Specs/archive/36_series/36.101/.

第 8 章　Sub 6 GHz 终端的实现和能力

8.1　终端射频链路架构

如前面章节所述，5G-NR 包括独立组网和非独立组网两种部署模式，终端的硬件结构根据其支持的工作模式也随之确定。终端能够支持的最大发送天线数与最大接收天线数一般不相等，因为下行接收模块功耗小、易集成，所以终端支持的最大接收天线数一般较多，这有助于提升下行的接收性能、下行覆盖和数据吞吐速率；而上行考虑到功率放大器的功耗一般较大，不易集成，因此终端支持的发送天线数或发送射频链路数一般较少。

在 5G-NR 中，终端接收下行信号时支持 4 天线接收（4R），而发送上行信号时支持 2 天线发送（2T）或 1T，而对于支持非独立组网模式的终端可能会支持 3T，用于 LTE 和 5G-NR 的发送。因此本章重点关注发送天线的架构和影响。

单天线单射频链路 UE 架构示意如图 8-1 所示，该 UE 结构中只有一个发送天线，通过 Multiplexer 将多个载波在数字域进行合并，通过一个功率放大器（Power Amplifier，PA）发送，因此该结构能够支持一个频段中的多个连续或非连续载波的发送。该种结构也可以通过跳频支持多个频段上的上行发送，但是不支持多个频段上的同时发送。

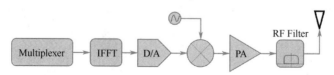

图 8-1　单天线单射频链路 UE 架构示意

单天线两射频链路 UE 架构示意（一）如图 8-2 所示，该 UE 结构中只有一个发送天线，每个 Multiplexer 可以将多个载波在数字域进行合并复用。该结构中还集成了两个射频链路，这两个射频单元产生信号的中心频点可以不同，因此能够产生两个频点的上行信号。但是，因为只有一个 PA 和一个前端频段滤波器，所以两个射频链路的频点只能在一个相同的频段中，从而该结构能够支持一个频段中多个带宽连续的载波信号的发送，也可以支持一个频段中两个带宽不连续载波信号的发送。

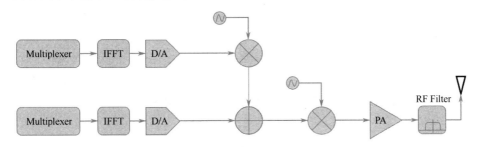

图 8-2　单天线两射频链路 UE 架构示意（一）

单天线两射频链路 UE 架构示意（二）如图 8-3 所示，该架构中包括两个射频链路，分别进行载波调制，在 PA 之前进行合路，通过一个 PA 放大并从天线发送。该 UE 架构能够支持一个频段中多个带宽连续的载波信号的发送，也可以支持一个频段中两个带宽不连续的载波信号的发送。

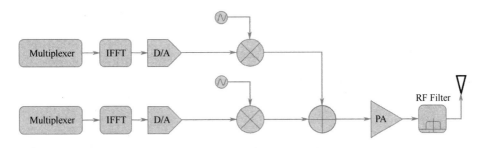

图 8-3　单天线两射频链路 UE 架构示意（二）

双射频链路双天线 UE 架构如图 8-4 所示，在该架构中 UE 包括两个独立的射频链路，分别连接到独立的发送天线上，每个射频链路有独立的频段滤波器。因此，该架构不仅能够支持一个频段上连续的带宽，也可支持一个频段上不连续的多段带宽的发送，还能够支持不同频段上的两段带宽的发送。UE 可以调整射频链路的载波频点，从而实现在不同的频段上的发送。因此，每个链路可以涵盖较宽频率范围的发送。例如，同一个射频链路在一段时间内的 1.8 GHz 附近频段上进行上行发送，而在另一段时间通过调整其载频能够实现在 C-band 上的上行发送。

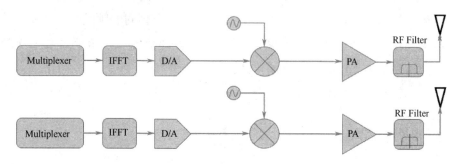

图 8-4 双射频链路双天线 UE 架构

8.1.1 SA 终端

在独立组网工作模式中，按照是否配置了 SUL，终端的工作模式可以分为单载波模式和上下行解耦模式。对于不具备上下行解耦能力的终端，当其工作在单小区独立组网模式且双工方式为 TDD 时，其上行可以有两个发送天线，因此具备上行多天线发送的能力；而对于具备上下行解耦能力的终端，当其配置了 SUL 载波且配置的 SUL 载波可用于发送上行信号时，低频 SUL 需要占用一个天线进行发送，UL 占用另一个天线进行发送，因此两个天线都处于待发送状态。当网络调度终端进行 SUL 和 UL 之间的时分发送时，两个天线能够立即进行发送，从而在 SUL 与 UL 发送时间段相邻时两者之间的上行发送不需要切换时间。

如果希望在同一个小区的普通 UL 上使用 2 天线发送信号，那么需要将 SUL 的射频单元切换至普通 UL，形成 UL 的 2 天线发送，从而实现了 SUL 和 UL 的天线复用，此时存在 SUL 发送和 UL 发送之间的射频频点的切换，因而需要一定的切换时间。

8.1.2 NSA 终端

8.1.2.1 具备上下行解耦能力的 NSA 终端

对于具备上下行解耦能力的终端，其主要工作在上行单发模式下，这不但避免了上行并发可能引入的终端交调自干扰，而且还降低了终端实现的复杂度。在非独立组网（NSA）工作模式中，终端的 LTE 上行频谱可能与 5G-NR SUL 上行频谱重叠，如果终端在此重叠频谱上并发 LTE 上行和 5G-NR SUL（并发射频通道和射频频点偏移如图 8-5 所示），则 UE 的最大功率可能需要降低，以减小两个上行并发产生的终端自干扰，这既降低了上行覆盖又增加了 UE 实现的复杂度。为此，更简单经济的 UE 实现方式是 LTE 上行和 5G-NR SUL 时分发送，从而避免自干扰。这也使得终端可以时分复用同一套硬件发送两个上行，从而降低终端实现复杂度和成本。下面将讨论这种基于时分复用的终端实现细节。

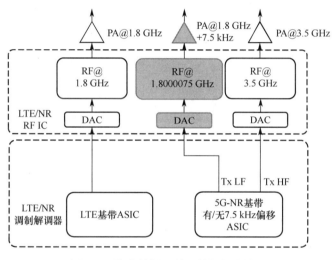

图 8-5　并发射频通道和射频频点偏移

8.1.2.2　基于 TDM 方式的 NSA 上下行解耦终端的实现

对于采用 TDM 方式发送同频段的 LTE 上行和 5G-NR 的 SUL 的 NSA 上下行解耦终端，其所需的并发通道数最小，从而这类终端的实现复杂度可与普通的 EN-DC 终端的实现复杂度相当。由于该 NSA 终端的 SUL 与其他非 EN-DC 的 LTE 终端复用该小区的上行频谱资源，所以为了维护终端间的子载波正交性，避免终端间干扰，SUL 的子载波必须与 LTE 上行子载波对齐。因此，SUL 上行也需要和 LTE 一样在载波中心频点上偏移 7.5 kHz。目前，有两种终端实现方式可实现该 7.5 kHz 的频率偏移，第一种是基带数字频移 7.5 kHz，如图 8-6 所示；第二种是射频调频频移 7.5 kHz，如图 8-7 所示。

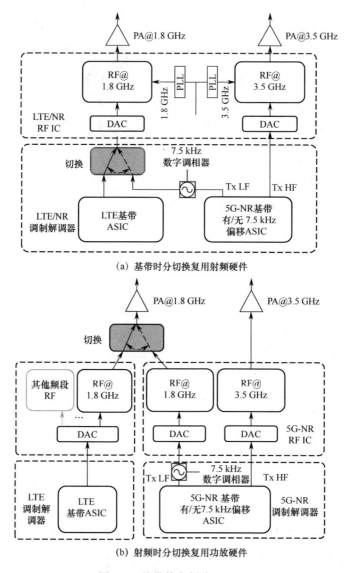

(a) 基带时分切换复用射频硬件

(b) 射频时分切换复用功放硬件

图 8-6　基带数字频移 7.5 kHz

　　第一种终端实现在基带通过数字调相器（Digital rotator）实现 7.5 kHz 频偏，而第二种终端实现在射频通过更改载波射频频点实现 7.5 kHz 频偏。两种方式都能时分复用终端硬件，但由于更改载波射频频点需要一定的射频重配置时间，例如 120 μs，这将导致终端在时分切换 LTE 上行和 5G-NR SUL 时产生业务发送中断。而第一种方式由于在基带实现频偏，且实现简单，可完美地避免该射频的中断。

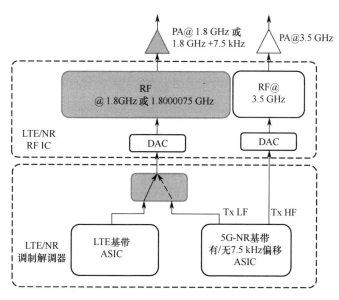

图 8-7　射频调频频移 7.5 kHz

第一种终端实现还可分成两种时分复用方式。在图 8-6 中，方式（a）在 DAC 前的基带做数字逻辑切换，方式（b）在 DAC 和调频后功放前进行射频的通道切换。方式（a）由于采用基带切换，其切换时间可忽略不计；而方式（b）相比方式（a）增加了终端的射频调频通道器件数目，终端成本可能相对增加，且其射频切换的射频通道方式可能引入射频中断时间，虽然该中断时间相比第二种终端实现的中断时间小得多，但依然不如方式（a）。

综上所述，NSA 上下行解耦的终端实现方式有多种选项，相比而言，基于时分复用的基带切换和基带 7.5 kHz 频偏的实现方式最经济，且性能最好。

8.2　LTE/NR 双连接相关的 UE 能力

● LTE/NR 双连接，LTE 与 5G-NR 上行动态功率共享能力

对于工作在非独立组网模式下的 EN-DC 终端，协议针对 LTE 与 5G-NR 两侧的功率共享方式定义了相应的能力。对于 LTE 与 5G-NR 之间的功率共享

方式，按照终端的 LTE 调制解调器与 5G-NR 调制解调器之间是否能够动态交互功率使用信息，实现功率的动态共享，可以分为动态功率共享和半静态功率共享两种方式。对于支持动态功率共享能力的终端，终端的 LTE 调制解调器与 5G-NR 调制解调器之间需要能够交互功率使用情况，这对终端的实现提出了更高的要求。因此，协议中将 EN-DC 中的功率共享定义为终端能力，并且该终端能力是按照每个 EN-DC 频段组合来进行定义的。

对于不支持动态功率共享能力的终端，其仅能采用半静态功率共享或 TDM 的方式进行 LTE 和 5G-NR 间的功率分配。在本书介绍功率控制机制的章节中，已经提及终端可以采用时分复用的方式来发送 LTE 和 5G-NR 的上行信号，为了保证不支持动态功率共享能力的终端能够最大限度地使用功率，且不会出现 LTE 与 5G-NR 的总功率超出功率上限的情况，协议中规定：对于不支持动态功率共享能力的终端，其必须要支持 LTE 与 5G-NR 的时分上行发送。类似地，时分发送能力也是按照每个 EN-DC 频段组合来进行定义的。

● LTE/NR 双连接支持上行单发和增强的 LTE HARQ 时序

当 UE 不支持 LTE/NR 双连接中的 LTE/NR 动态功率共享时，UE 能够通过 LTE 和 5G-NR 间的时分发送避免 LTE 上行和 5G-NR 上行的功率共享，从而简化 UE 的实现。因此，当 UE 不支持 LTE/NR 双连接中的 LTE/NR 动态功率共享时，UE 必须支持 LTE/NR 双连接的上行单发和增强的 LTE HARQ 时序，在这种情况下，该特性为必选特性。

● LTE/NR 双连接支持上行同时多发能力

在 LTE/NR 双连接场景中，上行分为 LTE 上行和 5G-NR 上行。在某些 LTE/NR 双连接频段组合下，当多个上行同时发送时，由于交调的原因，将会造成其中一个下行接收性能的严重恶化，因此在某些频段组合下同时发送多个上行的能力不一定被所有的 UE 支持，因此对于标准定义的"problematic"频段组合，该 UE 能力为可选能力。

● 增强的 LTE HARQ 时序（Case 1 Single Tx UL LTE-NR DC）

增强的 LTE HARQ 时序是为了在 LTE/NR 双连接场景下，LTE 和 5G-NR 上行单发而引入的新的 LTE HARQ 时序。上行单发主要是为不支持 LTE 和 5G-NR 双连接上行动态功率共享的 UE 设计的。

8.3　上下行解耦相关的 UE 能力

5G-NR Release 15 中针对 SUL 和 EN-DC 分别定义了多种终端能力，对于支持 SUL 的终端，协议定义了以下多个方面的能力。

● SUL 支持的能力

该 UE 能力为 UE 是否支持 SUL 频段组合以及 PRACH、PUSCH、PUCCH 和 SRS 在该频段组合中的发送。该 UE 能力中还限定了 SUL 和 UL 使用相同的子载波间隔。该 UE 能力依据 UE 支持的频段组合而确定，如果 UE 支持 SUL 的频段组合，那么该 UE 就支持该能力。

● UE 支持 SUL 和 UL 不同子载波间隔的能力

当 UE 支持 SUL 频段组合并支持其上行信号发送时，UL 和 SUL 载波可能采用相同或者不同的子载波间隔。UL 和 DL 往往采用相同的子载波间隔，例如在 C-band 上 UL 采用 30 kHz 的子载波间隔，而 SUL 往往与 LTE 上行频段进行共享，因此其子载波间隔为 15 kHz，因此 SUL 和 UL 将采用不同的子载波间隔，在下行载波上的 PDCCH 将调度与其不同子载波间隔的上行，因此定义了该 UE 能力。该 UE 能力为必选 UE 能力。

● UL 和 SUL 上行载波间动态切换能力

5G-NR 中支持通过 DCI 来为终端切换上行载波，同时协议中也未限制网络不能在连续的两个调度时间单元上调度同一用户分别在 SUL 载波和 UL 载波上发送上行信号。考虑到 SUL 载波和 UL 载波的频率差距较大，并不是所有终端都能够在两个载波之间动态切换，因此，协议中定义了上行载波动态切换的能力，以降低对终端发送链路切换的需求。该 UE 能力是绑定 SUL 频段组合的。

- 上行发送和下行接收并行能力

当终端被配置在 UL 载波上发送上行信号时，由于 UL 载波所在的频段为 TDD 频段，所以并不会出现终端需要并行处理上行发送和下行接收的情况。当终端被配置在 SUL 载波上发送上行信号时，终端的工作模式类似于 FDD 模式，终端需要并行进行上行信号的发送和下行信号的接收。对于普通的 FDD 双工模式，上行载波和下行载波所在的频率属于同一频段，同时也有一定的频率间距，所以二者之间不会出现干扰。但是对于终端并行处理下行接收和 SUL 载波上行发送的情况，若终端上行发送链路和下行接收链路之间隔离度不够高，终端在 SUL 载波上发送信号产生的谐波可能会对终端在 TDD 的下行载波上的接收产生干扰。针对典型的 SUL 频段组合，如 TDD 在 3.5 GHz 附近的频段，SUL 在 1.8 GHz 附近的频段，在 1.8 GHz 附近的频段上产生的 2 倍频信号与下行载波的频率 3.5 GHz 相当接近，从而上行发送信号可能会对终端接收下行信号造成一定的干扰。很明显，仅对于近似满足倍频关系的频段组合（如 3.5 GHz TDD+1.8 GHz SUL）才有可能出现干扰。因此，虽然协议中定义了该类终端能力，但是对于那些不满足倍频关系的 SUL 频段组合，该 UE 能力对于终端是必选的，而仅对于近似满足倍频关系的 SUL 频段组合，该 UE 能力才是可选的。

- UL 或 SUL 上 SRS 信号与另一个载波上 PUSCH/PUCCH/SRS/PRACH 的同时发送能力

前面已经介绍，5G-NR Release 15 协议中不支持终端在 SUL 和 UL 载波上同时发送 PUSCH，并且 PUCCH 只能配置在一个载波上发送，故不会出现终端在两个载波上同时发送 PUCCH 或 PUSCH 的情况。另外，对于终端在 SUL

和 UL 载波分别发送 PUSCH 和 PUCCH 的情况，在满足处理时间要求的情况下，终端会将 PUCCH 上的 UCI 承载在 PUSCH 进行发送，从而也避免了 PUSCH 和 PUCCH 分别在不同上行载波上的并发。因此，终端只有可能在两个上行载波上同时发送 SRS 与 SRS/PUCCH/PUSCH/PRACH。

- LTE/NR 双连接支持 UE 侧上行共享能力

该 UE 能力是在非独立组网模式中，UE 支持上行 LTE 和 5G-NR 共享频谱的能力（上下行解耦的 UE 侧上行频谱共享能力）。如果一个 UE 能够支持该 UE 能力，那么网络侧在配置 LTE/NR 双连接时，可以将配置给该 UE 的双连接模式中的 LTE 上行载波和 5G-NR 侧的 SUL 载波配置在同一段频谱上，即 LTE 上行和 5G-NR 的 SUL 上行载波共享频谱。该 UE 能力包括 LTE 上行和 5G-NR SUL 通过 TDM，或者 TDM+FDM 的方式共享上行频谱的能力。

- LTE/NR 双连接支持 UE 侧上行共享时 LTE UL 与 5G-NR 的 SUL 切换时间能力

该 UE 能力是在非独立组网模式中，UE 支持上行 LTE 和 5G-NR 共享频谱的情况下，5G-NR 的 SUL 载波与 LTE 的上行载波进行发送切换时所需的切换时间的能力，标准定义的该切换时间为 0 μs 和 20 μs，有些 UE 的实现需要较长的切换时间，例如 20 μs。因此，根据不同 UE 的实现确定了两个能力的选择。

- 多上行发送信号有重叠时 PA 相位连续能力

当上行有多个要发送的信号有重叠时，PA 的相位在非重叠和重叠区域是否连续的能力。多载波上行发送重叠时 UE 发送功率示意图如图 8-8 所示，在重叠区域 UE 的功率会抬升，UE 功率的抬升可能会造成某些 UE 的 PA 的参数的变化，从而造成输出信号在功率变化前后的相位不连续，而对某些 UE 的实现却不存在此现象。因此依据 UE 的实现能力的不同定义了该 UE 能力。对于多个上行载波的组合可参见表 8-1。

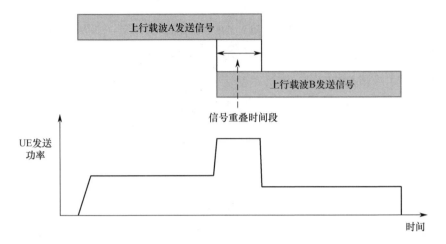

图 8-8　多载波上行发送重叠时 UE 发送功率示意图

表 8-1　多个上行载波的组合

上行多载波技术	上行载波 A	上行载波 B
带内 LTE/NR 双连接 Intra-band EN-DC	LTE 上行载波	5G-NR 上行载波
带内载波聚合 Intra band CA	5G-NR 上行载波	上行载波聚合中的 5G-NR 另外的上行载波
LTE 和 5G-NR SUL 共享上行载波 LTE/NR DC with UL sharing using FDM	LTE 上行载波	5G-NR 上行 SUL 载波

8.4　上下行解耦的射频指标

8.4.1　LTE-NR 同信道共享的射频指标

　　LTE-NR 在同一段频谱上以动态时分方式共享时，需要考虑 LTE 和 NR 的切换时间。如本书第 5 章所介绍，LTE 和 NR 共享同一段频谱时，为了使得 LTE 和 NR 的子载波正交，上行 NR 载波的实际参考频率位置相对于 100 kHz 的信道栅格的频率位置有 7.5 kHz 的偏移，这个偏移可以在基带实现，也可以在射频锁相环实现，协议不限定其实现方式，因此协议为这两种情况定义了 UE 能力上报，并且均定义了切换时间和相应的时间模板指标。

在基带实现 7.5 kHz 频率偏移时，UE 不需要额外为此预留时间，因此时间模板没有单独考虑 LTE 和 NR 的切换时间，只需定义由于功率变化带来的时间即可。LTE 和 NR 切换时间模板 1 如图 8-9 所示。

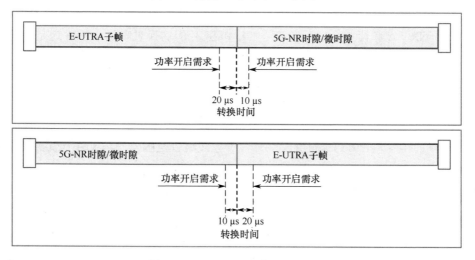

图 8-9　LTE 和 NR 切换时间模板 1

在射频锁相环实现 7.5 kHz 频率偏移时，UE 需要预留 20 μs 时间给锁相环调整压控振荡器的电压，在锁相环调整的时间内，UE 处于功率关闭的状态，因此时间模板需要同时考虑 LTE 和 NR 切换时间，以及功率变化带来的时间，LTE 和 NR 切换时间模板 2 如图 8-10 所示。

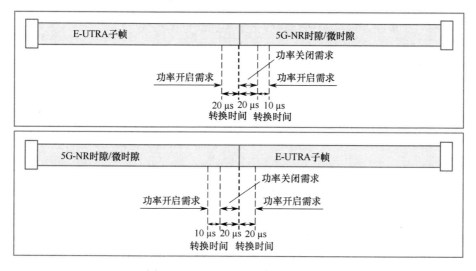

图 8-10　LTE 和 NR 切换时间模板 2

8.4.2 NR UL 和 NR SUL 的切换时间

如本书第 5 章所介绍，用户可以分别在 SUL 载波和 UL 载波上动态时分地发送上行信号，这就需要考虑 UL 和 SUL 载波的切换时间。在 TS 38.101-1 的 5G-NR SA 频段组合中，定义了 UL 和 SUL 的切换时间为 0 μs，这是考虑目前 SUL 和 UL 频段相距较远，且不共用一套射频通道，因此可以分开进行发送准备。当 5G-NR SA 的这些频段组合应用于 EN-DC 且 LTE 上行频段和 SUL 频段是相同频率范围时，这个切换时间也同样适用。

目前，在 Release 15 的协议中有两个频段组合是例外的，这两个频段组合中的 LTE 上行频段和 SUL 频段在不同的频率范围，这意味着上行有三个不同的频段。考虑到业界的射频集成电路（Radio Frequency Integrated Circuit，RFIC）中一般只包含两个射频锁相环，其中一个射频锁相环保持在 LTE 频点上，另一个锁相环只能在 UL 和 SUL 载波之间切换，因此切换时间需要考虑锁相环调整频点的时间。考虑到 SUL 和 UL 频点一般相距较远，因此预留 140 μs 的切换时间。

UL 载波一般在 5G-NR 的新频段内具有更大的带宽，而 SUL 的载波一般是现有的 LTE 频段重耕来的，运营商拥有的带宽本来就少，且还要与 LTE 共享，因此资源有限。考虑到资源的最大化使用，将这 140 μs 的切换时间放在 SUL 的资源里面，以减少切换时间带来的系统性能损失。

8.5 其他射频指标

与 SUL 相关的其他射频指标，还包含由于频段组合引入的 ΔT_{IB} 和 ΔR_{IB}，以及由于频段组合引入的接收机灵敏度恶化。ΔT_{IB} 和 ΔR_{IB} 两个指标是考虑了频段组合所额外附加的滤波器的插损。接收机灵敏度恶化，是考虑了由于另一个频段的发送，或者两个频段的同时发送导致下行接收频段的干扰增加，该干扰可能来自谐波的干扰、双发的互调干扰，以及两个频段离得比较近的时候由于滤波器抑制不够而产生的收发干扰。这些指标应该与那些和 SUL 频段有相同频率范围的频段组合的指标一致，此处不再赘述。

参 考 文 献

[1] Huawei, etc. WF on LTE/NR UL subcarrier alignment: R4-1711738[R/OL]. 3GPP TSG RAN WG4 meeting 84bis. 2017-10. http://www.3gpp.org/ftp/tsg_ran/WG4_Radio/TSGR4_84Bis/.

[2] 3GPP. Release 15 NR UE feature list: R1-1809998[R/OL]. 3GPP TSG RAN WG1 meeting 94. 2018-08. http://www.3gpp.org/ftp/tsg_ran/WG1_RL1/TSGR1_94/Docs/.

[3] Huawei and Hisilicon. On IMD issue for LTE NR DC band combinations: R4-1807994 [R/OL]. 3GPP TSG RAN WG4 meeting 84. 2017-08. http://www.3gpp.org/ftp/tsg_ran/WG4_Radio/TSGR4_84/.

[4] 3GPP. LS on UE capability for simultaneousTxSUL-NonSUL: R1-1809942[R/OL]. 3GPP TSG RAN WG1 meeting 94. 2018-08. http://www.3gpp.org/ftp/tsg_ran/WG1_RL1/ TSGR1_94/Docs/.

[5] 3GPP. Reply LS on UE capability for simultaneousTxSUL-NonSUL. R1-1810004[R/OL] 3GPP TSG RAN WG1meeting 94. 2018-08.http://www.3gpp.org/ftp/tsg_ran/WG1_RL1/ TSGR1_94/Docs/.

第9章 上下行解耦外场测试

9.1 测试环境

上下行解耦的测试主要是验证 SUL 对于 C-band 覆盖的提升，以及 SUL 配合 C-band 组网与 LTE 基站共站部署的性能。图 9-1 和图 9-2 为深圳的测试环境示意图，测试参数表见表 9-1。

图 9-1 深圳的测试环境示意图 1

图 9-2　深圳的测试环境示意图 2

表 9-1　测试参数表

参　　数	5G-NR TDD 3.5 GHz	LTE FDD 1.8 GHz
PRB 数	273 PRB（100 MHz）	75 PRB（15 MHz）
上下行时隙配比	DDDSU	FDD
TDD 上下行配置周期	2.5 ms	N/A
基站天线	64T64R	2T4R
基站功率	120 W	40 W
终端天线	2T4R	1T2R
子载波间隔	30 kHz	15 kHz

　　为了对比 3.5 GHz C-band 与低频 1.8 GHz 频谱的覆盖差别，在同一个基站上分别部署了 5G-NR TDD 3.5 GHz 系统和 LTE FDD 1.8 GHz 系统，对两个系统的覆盖性能分别进行测试和对比。其中，5G-NR 基站相比于 LTE 基站配备了更多的收发天线，能够利用 3D MIMO 技术进行覆盖扩展。

9.2　上行覆盖对下行速率的影响

图 9-3 为传输控制协议（Transmission Control Protocol，TCP）业务和用户数据报协议（User Datagram Protocol，UDP）业务的下行速率测试结果。TCP 和 UDP 业务的主要差别在于，TCP 协议规定了确认（Acknowledgement，ACK）响应机制，服务器向客户端发送 TCP 包后，需要客户端返回 ACK 响应，如果服务器长时间未接收到 ACK 响应，会导致下行传输拥塞，速率降低。也就是说，下行数据传输对上行 ACK 速率有一定的要求，上行的 ACK 反馈携带在上行的物理共享信道 PUSCH 中，因此上行 PUSCH 的反馈的快慢（吞吐量）对 TCP 业务有较大的影响。如果 ACK 未及时反馈，那么 TCP 机制将降低发送端的业务数据发送速率，从而上行的吞吐量也会在一定程度上影响下行的吞吐量；而 UDP 业务不依赖于上行的反馈，因此上行的吞吐量对下行数据业务的发送速率没有影响。

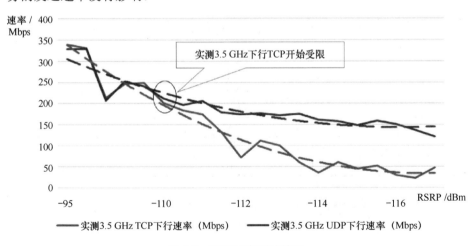

图 9-3　下行速率测试结果

从图 9-3 中可以看出，在参考信号接收功率（Reference Signal Received Power，RSRP）较大时，TCP 和 UDP 的速率几乎一样，因为在这个信道条件下，上行的 ACK 都能够及时准确地反馈给基站，从而下行业务不受上行吞吐量的影响，达到与 UDP 相似的下行吞吐量。在 RSRP 较小时，上行吞吐量受限的情况下，因为在 TCP 的机制中依赖上行 ACK 的反馈，发送端下调了下行速率，因此 TCP 的测试速率要比相同 RSRP 条件下的 UDP 速率低。由此可见，上行速率的覆盖受限也会对下行的速率造成较大的影响。

9.3　室内覆盖测试

楼宇内上行吞吐量测试结果如图 9-4 所示，此图是在楼宇内不同楼层测得的上行吞吐量。可以看出，在较高楼层，C-band 由于具有 3D 波束赋形（3D beamforming）的特性，能够将其接收的波束（beam）指向较高的楼层，而对于低频点的上行，使用的天线数较少，利用一个宽波束覆盖整个小区，没有

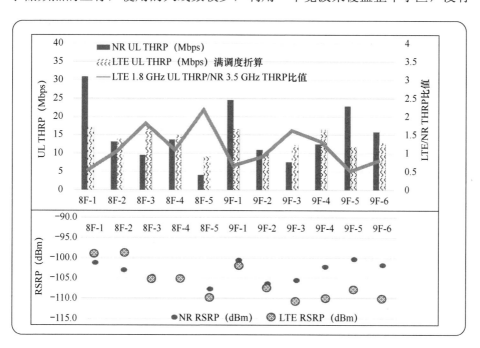

图 9-4　楼宇内上行吞吐量测试结果

3D beamforming。在考虑小区覆盖的情况下，小区波束的最大方向指向小区边缘，并且为了降低小区间的干扰，合理规划了小区覆盖，小区波束的最大指向往往有一定的下倾角，向下指向小区边缘，因此对于高层楼宇的覆盖并不太好；而在高楼层，由于一般覆盖的区域距离基站较近，C-band 可能达到比低频更好的覆盖效果。波束示意图如图 9-5 所示，3D beamforming 能够动态灵活地调整其波束方向，对高楼层进行较好的覆盖，而低频频率由于不具备 3D beamforming 的能力，对较低楼层的覆盖较好。

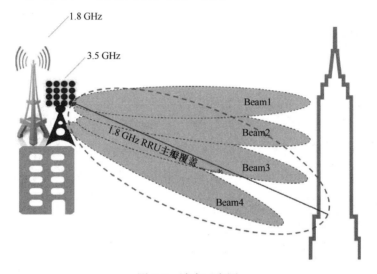

图 9-5　波束示意图

覆盖位置分析结果如图 9-6 所示。从图 9-6 中用户的覆盖位置分析可知，当用户的 RSRP 小于−98 dBm 时，由于 UE 的功率受限，增加 UE 的上行调度带宽并不能为 UE 带来速率上的提升，由此可见，在 RSRP 低于−98 dBm 时，3.5 GHz 的大带宽并不能给上行带来任何好处。当 RSRP 更低时，1.8 GHz 具有连续的上行时域资源和低路径损耗，因此能够提供比 3.5 GHz 更高的上行吞吐量。这与前述链路预算结果相符。

不同高度楼层的分布状况如图 9-7 所示，可以看出大部分用户都分布在低楼层当中，因此对于低楼层的室内覆盖的提升是 5G 小区边缘用户体验提升的关键。

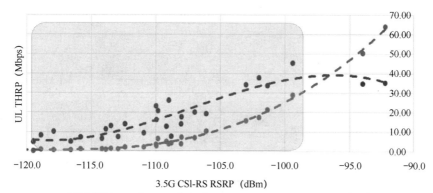

图 9-6　覆盖位置分析结果

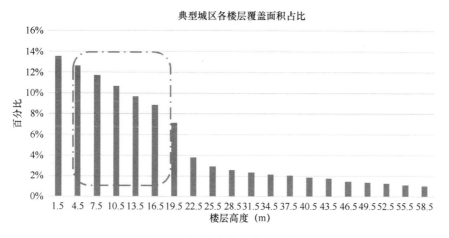

图 9-7　不同高度楼层的分布状况

9.4　室外覆盖测试

　　室外环境的上行速率测试结果如图 9-8 所示，此图为室外环境下不同测试地点的上行速率测试结果。在测试的覆盖范围内，C-band 3.5 GHz 的上行速率大于 1.8 GHz 的上行速率，因此在室外的终端，其依赖于 3.5 GHz 就能够获得足够的上行速率。

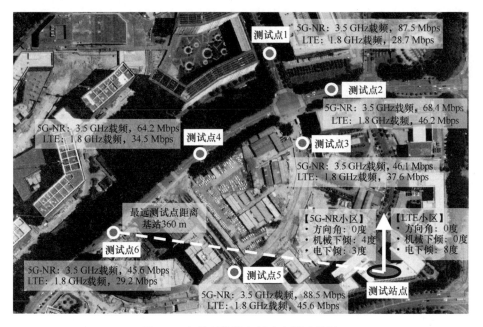

图 9-8　室外环境的上行速率测试结果

第 10 章　上下行解耦技术的展望

10.1　毫米波与上下行解耦

毫米波频段是未来 5G 重要的应用频段之一，但是由于路损和穿透损耗（Penetration Loss）较大，其覆盖范围严重受限，因此未来上下行解耦很重要的一个应用方向就是与毫米波结合，即毫米波的上下行解耦。引入毫米波上下行解耦以后，一方面可以有效地解决毫米波覆盖范围受限以及由此引起的用户移动性能变差的问题，另一方面由于上下行解耦可以有效扩大 5G 基站的覆盖范围，可以减少 5G 基站的部署。

目前，在大部分城市中的 LTE 基站已经完成规划部署，那么在这种情况下，部署 5G 基站的一种选择是与 LTE 基站共站，这样可以有效利用已有站址的规划和部署，减少费用开支；但是由于未来高容量、大量连接数以及高可靠的业务需求，5G 网络部署将更为密集，因此第二种选择是规划更多的新站址。在为 5G 基站规划的新站址上可能不会部署 LTE 基站，因此 LTE 基站以及 5G 基站有共站和非共站两种模式。上下行解耦的 SUL 载波一般使用的是与 LTE 共享的频谱，那么根据 SUL 载波是否与毫米波基站共站部署，可以将毫米波的上下行解耦分为两类：共站部署模式和非共站部署模式。

共站部署模式示意图如图 10-1 所示，SUL 载波和毫米波载波部署在相同的站点，也就是 5G-NR 基站与 LTE 基站共站址部署的情况。从图 10-1 中可以看出，由于高频电磁波的传播衰减较大，上下行覆盖范围相比于 LTE 低频都急剧地缩小。下行可以利用多天线技术、提高下行功率等方式延展覆盖范围，但是上行覆盖由于 UE 的尺寸、处理能力等原因导致天线数量有限，而且上行功率受到电池和射频指标的限制，因此上行覆盖能力的不足成为毫米波部署的主要障碍。引入上下行解耦以后，低频的 SUL 载波可以有效扩展上行的覆盖范围，但是由于下行覆盖仍然由毫米波提供，因此此时覆盖范围主要由下行覆盖决定。

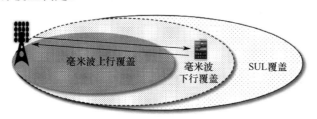

图 10-1　共站部署模式示意图

非共站部署场景示意图如图 10-2 所示。由于低频覆盖范围广，而毫米波覆盖范围小，因此一个 SUL 站址会同时为多个毫米波小区提供上行服务。一个小区的覆盖范围是由上下行覆盖中的较小者来决定的，因此对于仅用毫米波进行覆盖的网络而言，基站部署的密度需要按照上行覆盖范围来设计，这会导致 5G 基站密度的迅速增加，投资规模庞大。引入上下行解耦后，上行覆盖可以通过 SUL 极大地扩展，此时下行覆盖范围决定了该小区的覆盖，而下行覆盖范围可以通过多天线以及高功率等方式大幅提高，因此在 5G 基站部署的时候能够极大地减小基站部署密度，降低部署成本。

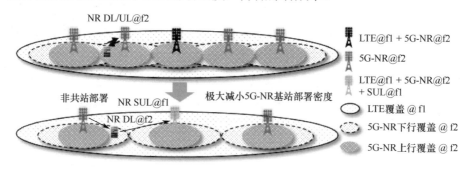

图 10-2　非共站部署场景示意图

对于共站部署场景，在 3GPP 5G-NR Release 15 中，从功控、同步、上行接入、资源配置等多方面进行了研究[1]。但是对于非共站部署场景，会出现以下所列的新问题：

➢ 上行功率控制问题；

➢ 非共站部署中站间回传时延带来的影响；

➢ 上行覆盖范围和下行覆盖范围不均衡导致的移动性管理的问题；

➢ 上行载波的选择接入问题；

➢ 多个毫米波站点共同接入同一个 SUL 载波的资源共享问题；

➢ 上行定时以及同步问题。

下面针对非共站部署面临的各种挑战进一步地进行了说明，并给出了可能的解决方案以及未来的研究方向。

10.1.1　上行功率控制

共站部署 SUL 场景中，用户发送上行信号进行功率控制时所采用的路径损耗测量值都是在与 UL 载波频段相同的下行载波上测量获得的；基站可以根据 SUL 载波频率与 UL 载波频率的差值，以及基站在 SUL 载波和 UL 载波上接收上行信号的天线配置的差异确定二者的功率差异，从而为 SUL 载波配置功率，使得 UE 无论在 SUL 载波还是在 UL 载波上发送上行信号到达基站后与期望功率近乎相等。但是对于非共站部署的 SUL 场景，由于同一用户在 SUL 载波和 UL 载波的上行传输路径不同，基站无法采用与共站部署场景相同的方法获取 SUL 载波和 UL 载波的功率差，从而现有机制无法满足用户在 SUL 载波上发送上行信号的需求。

为了解决上述问题，可以让 5G-NR 终端接收 SUL 站点的下行信号用于测量，如图 10-3 所示。一种可能的解决方案是让用户从 SUL 站点接收与 SUL 载波频段相同的下行载波中的参考信号，从而用户能够直接利用该参考信号进行下行测量以确定在 SUL 载波上进行上行传输的路径损耗。例如，当运营商在 SUL 站点上已部署 LTE 系统，可以让用户接收该 SUL 站点上与 SUL 载波共享上行的 LTE 载波的下行信号，如 LTE 的 PSS、SSS 或 CRS 等。或者，运营商在 LTE 下行载波所在的频段上配置一个 5G-NR 的 BWP，该 BWP 可以仅包含 SSB 或 CSI-RS，且专用于 5G-NR 的用户进行下行测量。从而用户能够利用 LTE 的下行信号，或者测量专用 BWP 中的信号进行下行测量，直接获取 SUL 载波所在频率对应的路径损耗，以用于在 SUL 载波上发送上行信号的功率控制。

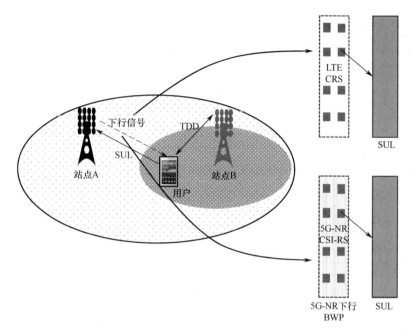

图 10-3　5G-NR 终端接收 SUL 站点的下行信号用于测量

　　另一种可能的解决方案是根据用户的位置信息来确定 SUL 载波对应的路径损耗，基于用户位置信息的 SUL 对应的路损估计示意图如图 10-4 所示。考虑到 SUL 站点（低频站点）与 5G-NR TDD 站点（高频站点）的距离在网络部署时已经确定，对于同时接入低频站点和高频站点的用户，其与高频站点的距离可以通过在高频下行载波的测量获取，并且用户和高频站点连线与低频站点和高频站点连线之间的夹角可以根据 UE 选择的 SSB 对应的波束位置确定，网络只需要将低频站点与高频站点的距离，以及 SSB 对应的角度信息广播给小区内的用户，用户则可以利用几何位置关系测算出其与低频站点之间的距离，从而大致测算出 SUL 载波对应的路径损耗。

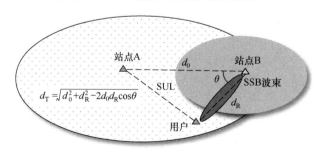

图 10-4　基于用户位置信息的 SUL 对应的路损估计示意图

10.1.2　上行载波选择

同样由于用户在 SUL 和 UL 载波上进行上行传输所经历的路径不同，用户在 UL 载波所在频段的下行载波接收参考信号，并进行测量获得的路径损耗，仅能作为在 UL 载波上发送上行信号时进行功率控制的参考。对于 SUL 载波，UE 无法直接根据在该下行载波上的路径损耗测量值确定其信道质量，因此共站部署 SUL 的上行载波选择机制无法直接应用到非共站部署的 SUL 场景。针对随机接入的载波选择问题，需要为处于小区内不同位置的用户设置不同的随机接入上行载波选择策略。结合共站部署 SUL 的上行载波选择机制，网络可以为不同的 SSB 关联不同的 RSRP 阈值，例如，对于位于 SUL 站点和 UL 站点之间区域的用户，其可以按照共站部署 SUL 的 RSRP 阈值进行配置，而对于位于 SUL 站点和 UL 站点连线外侧区域，在该区域内的用户与 SUL 站点之间的路径损耗可能远大于用户与 UL 站点之间的路径损耗，若仍按照共站部署 SUL 的载波选择机制，则会导致用户选择信道质量更差的 SUL 载波发起随机接入，这会降低用户随机接入的成功率。此时，基站可以为覆盖该区域的 SSB 配置很小的 RSRP 阈值，从而使得用户在该区域内能够总是选择 UL 载波来发起随机接入。这样能够保证用户总能够选择较优的上行载波发起随机接入。

另外，还有一种解决方案，让用户直接接收 SUL 载波所在低频率的下行载波中的参考信号来进行路径损耗测量，这样用户能够同时获取低频和高频载波上的两个路径损耗值，从而用户可以直接比较两个路径损耗值的大小，然后选择路径损耗值较小的上行载波作为发起随机接入的上行载波。该方案有两种可能的实现方式，一种方式是让 5G-NR 用户去接收 SUL 站点上部署的 LTE 的下行载波中的参考信号，也就是引入不同无线接入技术之间的测量；另一种方式是在低频下行载波上配置专用于 5G-NR 用户做下行测量的 BWP，该 BWP 中可以只包括 SSB 或 CSI-RS。上述两种实现方式中，后者无须对 5G-NR 协议进行修改，网络只需为用户配置相应的 BWP 和所使用的测量信号，而前者需要让用户获知 LTE 的测量信号（如 PSS、SSS、CRS 中的一种），从而 5G-NR 用户需要能够接收 LTE 的测量信号，同时需要在协议中增加对 LTE 的信号的描述，并且需要增加专用信令以使用户确定 LTE 载波的配置。

10.1.3　上行定时和同步调整

用户在发起随机接入流程时，会选择高频上行载波和低频上行载波中的一个向网络发送随机前导码，并且在接收到的随机接入响应中能够获得网络配置的上行发送定时提前初始值。对于共站部署的 SUL，用户在高频上行载波和低频上行载波上能够共用一个定时调整参数，使得用户在两个上行载波上的发送定时相等。而对于非共站部署的 SUL，用户到高频站点的距离与用户到低频站点的距离往往不相等，并且网络在高频站点与低频站点的上行接收定时也可以独立配置，因此，用户需要分别在两个上行载波上都进行上行同步，才能够让网络有效地确定出用户分别在两个上行载波上的上行发送的定时提前量，用于发送随后的信号。例如，对于处于非连接态的用户，其在发起基于竞争的随机接入后能够在接收的随机接入响应中确定用于发送随机前导序列的上行载波的定时提前量，当用户进入 RRC 连接态之后，网络可以采用 PDCCH 触发用户在另一上行载波上发送随机前导序列，从而确定用户在该上行载波上所需的定时提前量。

此外，在 5G-NR Release 15 版本中，用于通知 UE 进行定时调整的 MAC 层控制单元的格式仅支持按每个定时调整组进行配置[2]。因此，对于非共站部署的 SUL，低频载波与高频载波需要分别在不同的定时调整组中，从而网络需要在一个 MAC 层控制单元中携带多个定时调整组的定时调整参数，以同时对高频上行载波和低频上行载波进行不同的定时调整。

10.1.4　SUL 资源共享

考虑到低频上行载波的覆盖往往强于高频上行载波，单个低频 SUL 载波能够同时关联到多个低频站点上，这些高频站点既可以包括与低频站点共站部署的高频站点，又可以包括与低频站点非共站的多个高频站点。此时，多个高频站点需要共享同一个 SUL 载波。直观来说，直接采用静态资源共享，即将整个 SUL 带宽划分为多个带宽较窄的 SUL 载波，每个窄带的 SUL 载波关联一个高频站点，能够有效地避免接入不同高频站点的 UE 在使用 SUL 载波资源时出现冲突，但是静态的资源划分势必会降低低频资源的使用效率。

因此，采用动态资源共享策略有助于保证更高的频域资源使用效率。对于 PUSCH 和 PUCCH，若不同的高频站点之间能够通过回程链路交互调度信息，则可以通过网络的调度避免归属于不同高频站点的用户之间使用 SUL 载波资源的冲突问题；而对于 PRACH 和 SRS 等周期配置的信号，不同高频站点服务小区中的配置可以统一由与低频站点共站部署的高频站点决策配置，或者由中心控制节点配置，从而为不同高频站点服务的小区配置正交的 PRACH 或 SRS 资源。SUL 资源共享示意图如图 10-5 所示。

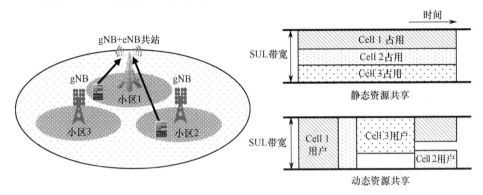

图 10-5　SUL 资源共享示意图

10.2　多 SUL 演进

在一个小区中多个 SUL 载波和高频载波配对是未来另一个重要演进方向。多 SUL 场景示意图如图 10-6 所示，在 LTE 和 5G-NR 共站部署的场景中，LTE 基站部署了多个低频频点，因此在上行频谱共享时，有多个低频频段可供选择。例如，LTE 同时部署了 1800 MHz 附近的频段和 800 MHz 附近的频段，800 MHz 附近的频段有 10 MHz 带宽，而 1800 MHz 附近的频段有 20 MHz 带宽，当引入上下行解耦以后，如果只利用 1800 MHz 附近的频段，那么对于小区边缘用户而言，其用户体验弱于 800 MHz 附近的频段的用户；如果仅利用 800 MHz 附近的频段，其边缘用户的性能可以有效地得到提升，但 1800 MHz

附近频段的边缘用户的速率受限于 10 MHz 带宽。因此一种解决方案就是引入多个 SUL 载波的上下行解耦方案。从图 10-6 可以看出,不同频率的 SUL 载波形成了不同的覆盖带,不同的覆盖带可以服务不同的用户。对于中心用户而言可以选择 3.5 GHz 附近的上行频段进行信号的传输,带宽大、速率高;对于介于 3.5 GHz 附近的频段上行覆盖范围之外到 1.8 GHz 附近的频段上行覆盖之内的部分,用户可以选择 1.8 GHz 附近的载波进行上行传输,覆盖好、频谱带宽充足;对于小区边缘用户则需要选择 800 MHz 附近的频段进行上行传输。由此可以看出,不同的频段的多 SUL 覆盖提供了良好有序的梯次覆盖,用户可以在小区的任何位置得到高质量的服务。

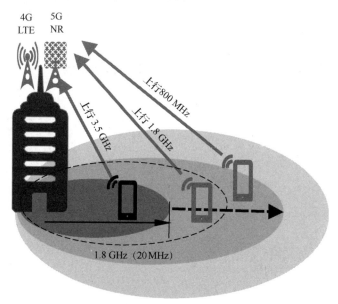

图 10-6　多 SUL 场景示意图

对于多个 SUL 场景同样有很多亟待解决的问题。例如,一个用户在随机接入流程中的载波选择问题,用户在移动过程中多个载波的切换问题,多个上行载波的资源分配问题等,下面将有选择性地进行分析和研究。

10.2.1　随机接入流程

针对基于竞争的随机接入流程,UE 可以从至少三个上行载波中选择一个上行载波发送随机前导码,而现有共站部署 SUL 中的 UE 支持的上行载波选择机制仅适用于两个上行载波的场景，需要进行适应性扩展。一种可能的改进方案是增加网络为 UE 配置的 RSRP 阈值个数，以单小区配置两个 SUL 载波的情况为例，网络可以为 UE 配置两个 RSRP 阈值，分别记为阈值 1 和阈值 2，则 UE 根据下行测量获得 RSRP 值与阈值 1 和阈值 2 的大小关系从三个上行载波中选择对应的上行载波用于发送随机前导码。多 SUL 场景载波选择示意图如图 10-7 所示。另一种可行的方法是，不增加 RSRP 的阈值个数，网络仍然只配置单个 RSRP 阈值，但是需要对 UE 的载波选择行为进行修改。例如，UE 根据下行测量获得 RSRP 值与 RSRP 阈值的大小关系确定采用 SUL 载波中的一个还是 UL 载波发送随机前导码；当 UE 确定选择使用 SUL 载波发送随机前导码时，可以引入新的准则来让 UE 选择较优的 SUL 载波。

RSRP 1 > RSRP 阈值 1 > RSRP 2 > RSRP 阈值 2 > RSRP 3

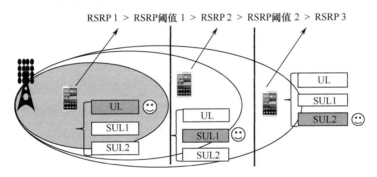

图 10-7　多 SUL 场景载波选择示意图

对于随机接入响应，5G-NR Release 15 版本中用于加扰随机接入响应的 RA-RNTI 与 UE 发送的随机接入前导的上行载波的编号相关，其中 UL 载波编号为 0，SUL 载波编号为 1。而对于多 SUL 载波场景，需要对现有 RA-RNTI 的计算方法进行扩展，一种可行的方式是对 SUL 载波进行扩展编号，即 SUL 载波 1 编号为 1，SUL 载波 2 编号为 2，以此类推。另一种方式是保持所有的 SUL 载波的载波编号都为 1，但是网络设备在为 SUL 载波上的随机接入资源编号时，频域也连续编号，即对于起始时间位置相同的 PRACH 资源，UE 对 SUL 载波 1 上的 PRACH 频域资源编号理解为从 1 到 n，而对 SUL 载波 2 上的 PRACH 频域资源的编号则从 $n+1$ 开始，这样也能够保证 UE 在不同 SUL 载波上发送随机前导码对应的 RA-RNTI 值不同，避免出现冲突。

10.2.2　SUL 资源调度

在 SUL 调度方面，静态的载波配置和切换机制能够直接复用到多 SUL 场景，而对于动态调度机制，现有 DCI 中用于指示上行载波的指示域仅有两个状态，用于区分 SUL 载波和 UL 载波。针对多 SUL 载波场景，可以根据小区中配置的上行载波的个数来扩展上行载波指示域。考虑到增加上行载波指示域的字段长度无疑会增加 DCI 的大小，并且在上行载波个数不为 2 的整数次幂的情况下，也会存在冗余状态，指示方式不够高效。另外，目前 5G-NR 支持在每个上行载波都能够配置最多 4 个 BWP[4]，并且在 DCI 中有专用于 BWP 切换的指示字段[3]，考虑到在多 SUL 载波场景中，并不是所有 UE 都需要在每个上行载波上配置 4 个 BWP，所以可以将上行载波指示域与 BWP 指示域进行联合编码，从而尽可能地降低冗余状态的个数，提升信令指示的有效性。

参 考 文 献

[1]　L. Wan et al..4G/5G Spectrum Sharing: Efficient 5G Deployment to Serve Enhanced Mobile Broadband and Internet of Things Applications[J]. IEEE Vehicular Technology Magazine.

[2]　3GPP. NR; Medium access control (MAC) protocol specification: Technical Specification 38.321[S/OL]. 2018-09-25. http://www.3gpp.org/ftp/Specs/archive/38_series/38.321/.

[3]　3GPP. NR; Multiplexing and channel coding: Technical Specification 38.212[S/OL]. 2018-09-27. http://www.3gpp.org/ftp/Specs/archive/38_series/38.212/.

[4]　3GPP. NR; Physical layer procedures for control: Technical Specification 38.213[S/OL]. 2018-09-27. http://www.3gpp.org/ftp/Specs/archive/38_series/38.213/.

缩　略　语

缩略语	英文全称	中　文
2G	2nd Generation	第二代移动通信技术
3G	3rd Generation	第三代移动通信技术
3GPP	3rd Generation Partnership Project	第三代合作伙伴计划
4G	4th Generation	第四代移动通信技术
5G	5th Generation	第五代移动通信技术
5GMF	5th Generation Mobile Communications Promotion Forum	第五代移动通信推进论坛
5G PPP	5G Infrastructure Public Private Partnership	5G 基础设施的政府和社会资本合作
AAU	Active Antenna Unit	有源天线单元
ACK	Acknowledgement	确认
ARIB	Association of Radio Industries and Businesses	日本无线工业及商贸联合会
ATIS	Alliance for Telecommunications Industry Solutions	电信产业解决方案联盟
BL/CE	Bandwidth reduced Low complexity/Coverage Enhancement	带宽减小低复杂/覆盖增强
BS	Base Station	基站
BWP	Bandwidth Part	带宽部分
CA	Carrier Aggregation	载波聚合
CCSA	China Communications Standards Association	中国通信标准化协会
CDF	Cumulative Distribution Function	累积分布函数
CDMA	Code Division Multiple Access	码分多址
CEPT	Confederation of European Posts and Telecommunications	欧洲邮电管理委员会
CORESET	Control Resource Set	控制资源集
CP	Cyclic Prefix	循环前缀
CP-OFDM	Cyclic Prefix OFDM	循环前缀 OFDM
CRC	Cyclic Redundancy Check	循环冗余校验
C-RNTI	Cell Radio Network Temporary Identifier	小区无线网络临时标识
CRS	Cell-specific Reference Signal	小区参考信号
CSI	Channel State Information	信道状态信息
CSI-RS	Channel State Information Reference Signal	信道状态信息参考信号
CS-RNTI	Configured Scheduling RNTI	半静态调度 RNTI
CSS	Common Search Space	公共搜索空间
D2D	Device-to-Device	终端到终端

（续表）

缩略语	英文全称	中文
DAI	Downlink Assignment Indicator	下行分配指示
DC	Dual Connectivity	双连接
DCI	Downlink Control Information	下行控制信息
DFT S-OFDM	DFT-Spread OFDM	DFT 扩展 OFDM
dB	deci-Bei	分贝
DL	Downlink	下行
DMRS	Demodulation Reference Signal	解调参考信号
DwPTS	Downlink Pilot Time Slot	下行导频时隙
ECC	Electronic Communications Committee	电子通信委员会
eIMTA	Enhanced Interference Management and Traffic Adaptation	增强的干扰管理与业务自适应
eLTE	Enhanced Long Term Evolution	增强的长期演进
eMBB	Enhanced Mobile Broadband	增强的移动宽带
eMTC	Enhanced Machine Type Communication	增强的机器通信
eNB	eNodeB	4G 基站
EN-DC	E-UTRA NR Dual Connectivity	演进的陆地无线接入与新空口双连接
EPC	Evolved Packet Core	演进分组核心
ePDCCH	Enhanced Physical Downlink Control Channel	增强的物理下行控制信道
ETSI	European Telecommunications Standards Institute	欧洲电信标准化协会
FDD	Frequency Division Duplexing	频分双工
FDM	Frequency Division Multiplexing	频分复用
f-OFDM	Filtered-OFDM	滤波 OFDM
FR	Frequency Range	频率范围
Gbps	Gigabit per second	千兆比特每秒
GHz	Gigahertz	千兆赫兹
gNB	gNodeB	5G 基站
GNSS	Global Navigation Satellite System	全球导航卫星系统
GP	Guard Period	保护间隔
GPS	Global Positioning System	全球定位系统
GSM	Global System for Mobile Communications	全球移动通信系统
HARQ	Hybrid Automatic Repeat request	混合自动重传请求
IEEE	Institute of Electrical and Electronics Engineers	电气和电子工程师协会
IMT	International Mobile Telecommunications	国际移动通信
IMT-advanced	International Mobile Telecommunications-advanced	增强的国际移动通信
IoT	Internet of Things	物联网
ITU	International Telecommunication Union	国际电信联盟
ITU-R	International Telecommunication Union Radio communication sector	国际电信联盟无线通信分部

（续表）

缩 略 语	英 文 全 称	中 文
kbps	kilo bit per second	千比特每秒
km/h	kilo meter per hour	千米每小时
kHz	kilo hertz	千赫兹
LTE	Long term evolution	长期演进
LTE-Advanced	Long term evolution-Advanced	长期演进增强
MAC	Medium Access Control	媒体接入控制
MBB	Mobile Broadband	移动宽带
Mbps	Mega bit per second	兆比特每秒
MBSFN	Multicast Broadcast Single Frequency Network	多媒体广播单频网
MCG	Master Cell Group	主小区组
MeNB	Master evolved NodeB	主演进的 NodeB
METIS	Mobile and wireless communications Enablers for Twenty-twenty（2020）Information Society	面向 2020 的移动无线通信研发协会
MHz	Megahertz	兆赫兹
MIB	Master Information Block	主信息块
MIIT	Ministry of Industry and Information Technology of the People's Republic of China	中华人民共和国工业和信息化部
MIMO	Multiple-Input Multiple-Output	多输入多输出
mMTC	Massive Machine-Type Communications	海量机器类通信
MPDCCH	MTC Physical Downlink Control Channel	MTC 物理下行控制信道
MSD	Maximum Sensitivity Degradation	最大灵敏度下降
Msg3	Message 3	消息 3
MTC	Machine-Type Communications	机器类通信
MU-MIMO	Multi-User MIMO	多用户 MIMO
NB-IoT	Narrow Band Internet of Things	窄带物联网
NGC	Next Generation Core	下一代核心网
NGMN	Next Generation Mobile Networks	下一代移动通信网络
NPBCH	Narrowband Physical Broadcast Channel	窄带物理广播信道
NPSS	Narrowband Primary Synchronization Signal	窄带主同步信号
NR	New radio	新空口
NR-ARFCN	New Radio-Absolute Radio Frequency Channel Number	新空口-绝对无线频道号
NSA	Non-Standalone	非独立
NSSS	Narrowband Secondary Synchronization Signal	窄带辅同步信号
O2I	Outdoor-to-Indoor	室外到室内
Ofcom	Office of Communications	通信办公室
OFDM	Orthogonal Frequency Division Multiplexing	正交频分复用

（续表）

缩 略 语	英 文 全 称	中 文
OFDMA	Orthogonal Frequency Division Multiple Access	正交频分多址
OP	Organization Partner	组织伙伴
PA	Power Amplifier	功率放大器
PAPR	Peak-to-Average Power Ratio	峰均值功率比
PCC	Primary Component Carrier	主载波
PBCH	Physical Broadcast Channel	物理广播信道
Pcell	Primary Cell	主小区
PCFICH	Physical Control Format Indicator Channel	物理控制格式指示信道
PCI	Physical Cell Identity	物理小区标识
PDCCH	Physical Downlink Control Channel	物理下行控制信道
PDCH	Physical Downlink Channel	物理下行信道
PDSCH	Physical Downlink Shared Channel	物理下行共享信道
PHICH	Physical Hybrid ARQ Indicator Channel	物理 HARQ 指示信道
PHR	Power Headroom Report	功率余量汇报
PRACH	Physical Random Access Channel	物理随机接入信道
PRB	Physical Resource Block	物理资源块
PSS	Primary Synchronization Signal	主同步信号
PUCCH	Physical Uplink Control Channel	物理上行控制信道
PUSCH	Physical Uplink Shared Channel	物理上行共享信道
QAM	Quadrature Amplitude Modulation	正交振幅调制
QPSK	Quadrature Phase Shift Keying	正交相移键控
QoS	Quality-of-Service	服务质量
RAN	Radio Access Network	无线接入网络
RAPID	Random Access Physical Identifier	随机接入物理标识
RAR	Random Access Response	随机接入响应
RA-RNTI	Random Access RNTI	随机接入无线网络临时标识
RAT	Radio Access Technology	无线接入技术
RB	Resource Block	资源块
RF	Radio Frequency	射频
RFIC	Radio Frequency Integrated Circuit	射频集成电路
RLC	Radio Link Control	无线链路控制
Rma	Rural Macrocell	农村宏小区
RNTI	Radio Network Temporary Identifier	无线网络临时标识
RRC	Radio Resource Control	无线资源控制
RRU	Remote Radio Unit	远程无线单元
RS	Reference Signal	参考信号

（续表）

缩 略 语	英 文 全 称	中 文
RSRP	Reference Signal Received Power	参考信号接收功率
SA	Standalone	独立
SCC	Secondary Component Carrier	辅载波
SC-FDMA	Single-Carrier Frequency Division Multiple Access	单载波频分多址接入
SCG	Secondary Cell Group	辅小区组
SCS	Subcarrier Spacing	子载波间隔
SDL	Supplemetary Downlink	增补下行
SDO	Standards Development Organization	电信标准发展组织
SFI	Slot Format Indicator	时隙格式指示
SFN	System Frame Number	系统帧号
SIB	System Information Block	系统信息块
SIB1-BR	System Information Block 1-Bandwidth Reduced	带宽减小系统信息块 1
SINR	Signal-to-Interference plus Noise Ratio	信干噪比
SLIV	Start and Length Indicator Value	起点与长度指示值
SPS	Semi-Persistent Scheduling	半静态调度
SR	Scheduling Request	调度请求
SRS	Sounding Reference Signal	探测参考信号
SSB	Synchronization Signal Block	同步信号块
SSS	Secondary Synchronization Signal	辅同步信号
SUL	Supplementary Uplink	增补上行
TA	Timing Advance	定时提前
TAG	Timing Advance Group	定时调整组
TCP	Transmission Control Protocol	传输控制协议
TDD	Time Division Duplexing	时分双工
TD-LTE	Time Division Long Term Evolution	时分长期演进
TDM	Time Division Multiplexing	时分复用
TD-SCDMA	Time Division Synchronous Code Division Multiple Access	时分同步码分多址
TSDSI	Telecommunications Standards Development Society, India	印度电信标准开发协会
TTA	Telecommunications Technology Association	电信技术协会
TTC	Telecommunications Technology Committee	电信技术委员会
TTI	Transmission Time Interval	传输时间间隔
UCI	Uplink Control Information	上行控制信息
UDP	User Datagram Protocol	用户数据报协议
UE	User Equipment	用户设备

（续表）

缩 略 语	英 文 全 称	中 文
UL	Uplink	上行
ULSUP	Uplink Sharing from UE Perspective	用户侧上行共享
UMa	Urban Macrocell	城区宏小区
UMi	Urban Microcell	城区微小区
uMTC	Ultra-reliable Machine-Type Communications	高可靠的机器类通信
UMTS	Universal Mobile Telecommunications System	通用移动通信系统
UpPTS	Uplink Pilot Time Slot	上行导频时隙
uRLLC	Ultra-Reliable Low-Latency Communications	高可靠低时延通信
USS	UE specific Search Space	用户专用搜索空间
UTC	Coordinated Universal Time	协调世界时
VoIP	Voice-over-IP	IP 语音
WCDMA	Wideband Code Division Multiple Access	宽带码分多址接入
WOLA	Weighted Overlap and Add	加权重叠相加
WRC	World Radiocommunication Conference	世界无线电大会
xMBB	Extreme Mobile Broadband	极致的宽带移动通信
ZC	Zadoff-Chu	以"Zadoff-Chu"命名的序列